县域配电网
建设成效评价
方法与实务

▶▶▶

主　编　王维军
副主编　王　萌　何　燕　王海峰

中国电力出版社
CHINA ELECTRIC POWER PRESS

内 容 提 要

本书采用"县公司总体成效与单项工程后评价"相结合的技术路线，通过走访各县级电力公司，与规划、基建、运检、财务等多部门进行研讨，结合多年后评价工作经验完成编制。全书共五章，主要内容包括建设项目后评价工作概述、建设项目后评价方法、县域配电网建设成效后评价体系、配网工程项目后评价体系、县域配电网建设成效后评价案例等，为实际工作提供借鉴与帮助。

本书可作为高等院校工程管理、工程造价、投资管理等专业教材，也可作为工程管理咨询专业培训教材，同时可供电网公司建设管理专业人员参考。

图书在版编目（CIP）数据

县域配电网建设成效评价方法与实务/王维军主编. —北京：中国电力出版社，2024.7
ISBN 978-7-5198-8761-2

Ⅰ.①县… Ⅱ.①王… Ⅲ.①县—配电系统—建设—研究 Ⅳ.①TM727

中国国家版本馆 CIP 数据核字（2024）第 095833 号

出版发行：中国电力出版社
地　　址：北京市东城区北京站西街 19 号（邮政编码 100005）
网　　址：http://www.cepp.sgcc.com.cn
责任编辑：冯宁宁（010-63412537）
责任校对：黄　蓓　朱丽芳
装帧设计：郝晓燕
责任印制：吴　迪

印　　刷：北京天泽润科贸有限公司
版　　次：2024 年 7 月第一版
印　　次：2024 年 7 月北京第一次印刷
开　　本：787 毫米×1092 毫米　16 开本
印　　张：13.25
字　　数：273 千字
定　　价：46.00 元

编　委　会

主　编　王维军

副主编　王　萌　何　燕　王海峰

参　编　李立峰　王光丽　郑丽敏　李　琛　彭伟松　崔　薰

　　　　　庞绍宗　乔新娜　于　妍　唐　庆　万云鹏　王竣博

　　　　　康可依　齐金龙　贾凯青　孔　哲　刘思雨

前　言

　　配网建设存在项目投资分散、数量多的特点，后评价数据统计与分析工作量大，从近年的后评价实践来看，存在评价指标和评价方法固化、问题对象化和表面化等问题。如何深度挖掘配网规划、投资建设与运行数据中的相互关系，深度解析影响建设成效差异化的主要因素及其影响程度，仍然是后评价工作的主要难点。面对配电网建设改造项目环境复杂、目的及需求多样化等现实问题，建立科学合理的配电网项目后评价指标体系，构建配网建设成效差异化评判标准，可为今后配电网建设改造项目的投资决策提供参考，对实现配网投资精益化管控、投资决策水平的提升和资源的优化配置有重要的现实意义。

　　本书编制按照项目后评价的一般程序，结合配网工程投资分散、投资效益难以独立核算等特点、县级地域环境特点和整体发展水平，根据数据收集与调查、市场预测、指标对比分析、项目综合评价的流程探索配电网投资成效后评价的方法，以确保方法的可行性和适用性。遵循重指标轻权重原则，保证主要评价指标量化计算的科学性，规避项目综合效益计算时的主观权重赋值问题，在进行评价时多采用前后对比、有无对比与横向对比分析方法，使得评价结果更为科学、客观。全书共五章内容：第一章为建设项目后评价工作概述，包括后评价概念、起源与发展、工作现状等，系统阐述后评价基本内容；第二章为建设项目后评价方法；第三章与第四章分别为县域配电网建设成效后评价体系与配网工程项目后评价体系，从经济效益、运行水平、建设管理、社会与环境效益等维度构建了后评价指标体系；第五章为案例应用，为实际工作提供借鉴与帮助。通过系统评价县域配网总体建设成效和具体配网项目的投资成效，分析配网投资建设与实际运行过程存在的各类问题，给出相应的改进意见和提升投资管理水平的建议。

　　本书采用"县公司总体成效与单项工程后评价"相结合的技术路线，通过走访各县级电力公司，与规划、基建、运检、财务等多部门进行研讨，结合多年后评价工作经验完成编制。希望本书的出版能够为配电网投资成效评价领域的各项工作提供有益帮助。

本书不足之处，恳请社会各界读者提出宝贵意见与建议，我们将持续改进与完善。

编　者

2024 年 4 月

目　录

第一章　建设项目后评价工作概述

第一节　后评价概念

一、后评价工作内容

后评价是在项目运营一段时间后，一般不少于 1 年，对项目建设全过程进行总结与回顾，包括项目前期决策、建设实施阶段等的基本情况，并对项目的效益效果、影响、可持续性等进行评价。通过运用反馈控制与现代系统工程的管理理论，对项目实施过程、结果及其影响进行调查研究和全面系统回顾，与项目决策时确定的目标以及经济、运行、环境、社会指标进行对比，找出差别和变化，分析原因，总结经验，吸取教训，得到启示，提出对策建议，并通过及时有效的信息反馈，为当前和未来项目的决策提出建议，提高投资管理水平，最后达到提高投资效益的目的。

后评价对象是已建成并且投产运行的工程项目。工程项目作为一个复杂的系统，是由多个可区别但又相关的要素组成的具有特定功能的有机整体，其功能是要实现确定的项目目标。工程项目系统通过与外部环境进行信息交换及资源和技术的输入，在建设实施完成后，向外界输出产品。工程项目的控制系统是由施控系统和受控系统构成，其各项状态参数随时间变化而产生动态变化。项目后评价就是运用现代系统工程与反馈控制的管理理论，对项目决策、实施和运营结果做出科学的分析和判定。

后评价应遵循全过程管理的理念，针对项目周期的各个阶段分析总结出成功经验和失误教训，对已完成项目进行系统而又客观的分析评价，以确定项目的目标、目的、效果和效益的实现程度。因此，反映到项目周期上，项目后评价应位于项目周期的末端环节。后评价在项目全生命周期中的时段范围如图 1-1 所示。

从上述的定义中可知，后评价是一个诊断、反馈的过程。一方面，后评价可以对项目的经营管理活动的情况进行诊断，分析和研究项目投产和达产情况，比较项目在执行时的实际情况与项目目标的差距，探索产生偏差的原因，据此提出改善项目运营的建议意见，从而带动项目管理水平更进一步，充分释放生产能力，发挥预期功效，实现项目经济效益和社会效益。另一方面，可以对项目的全过程管理、组织管理工作、投资效果

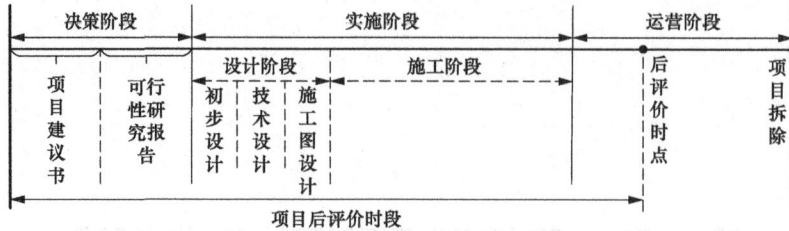

图 1-1　后评价在项目全生命周期中的时段范围

进行分析总结，通过开展从规划到运营的回顾，对已建成的项目进行全方位的分析评价，挖掘导致目标欠佳甚至失败的原因，总结经验和教训，为待建项目提供借鉴，同时有助于形成成熟的后评价工作管理流程，提高项目管理流程的规范性和科学性，提升项目管理水平和决策能力，最终实现效益的不断提高。

不同类型的项目，后评价所要求的内容也会有所不同，但是一般应包括过程评价、效益评价、影响评价和持续性评价。具体有如下几部分内容。

1. 项目实施过程评价

项目实施过程评价是在项目投资完成后，对项目的前期-建设-生产运行全过程的实际结果与预期达到的原目标和任务，进行全面的对比分析和评价。项目实施评价过程应简单说明项目实施的基本特点，对照可行性研究评估找出主要变化，分析变化的原因及其对项目的影响。

项目的实施过程评价包括：前期工作评价、建设实施评价、项目投资评价、生产运行和管理水平评价。

（1）前期工作评价。前期工作评价主要包括立项决策、勘察设计和开工准备。

项目前期工作的质量对项目成功与否影响重大。因此前期工作后评价是整个项目后评价的重点。一方面要对立项条件和依据；发电规划容量；本期建设规模；布置及工艺系统的多方案优化；采用先进技术、设备、材料的先进性、合理性；投产年度；在电网中的位置；投资估算；电价；投资概算等进行评价。另一方面要发现前后变化，并找出原因。其意义在于分析研究前期工作失误在多大程度上导致项目实际效果与预测目标的偏差及原因，从而为今后加强项目前期工作管理积累经验。

立项决策评价具体包括：项目可行性研究单位资格及委托方式审查；项目可行性研究的依据、实际经历时间、研究的内容及深度等；项目决策程序、决策效率和质量如何等。

勘测设计评价包括：勘察设计质量、技术水平和服务水平的分析评价。后评价还应该进行两个对比，一是该阶段项目内容与前期立项所发生的变化，二是项目实际实现结果与勘察设计时的变化和差别，分析变化的原因，分析重点是项目建设内容、投资概算、设计变更等。

开工准备评价是项目后评价工作的一部分，特别是项目建设内容、厂址、引进技术方案、融资条件等重大变化可能在此发生，应注意这些变化及其可能产生对项目目标、效益、风险的影响。

（2）项目建设实施评价。项目建设实施阶段是项目财力、物力集中投入和消耗的过程，也是固定资产逐步形成时期，它对项目能否发挥投资效益有着十分重要的意义。

项目建设实施阶段后评价包括：对施工图设计、招投标、设备采购、工程施工建设、施工监理、启动调整试验、试运行、竣工验收等工作的评价。

项目实施阶段的后评价，一方面要与开工前的工程计划对比，另一方面还应该把该阶段的实施情况可能产生的结果和影响与项目决策时期所预期的效果进行对比，分析偏离度，在此基础上找出原因，提出对策。

（3）项目投资评价。项目投资评价主要分析项目总投资变化，找出变化原因，分析项目主要资金来源和融资成本变化，找出变化的原因及影响，重新测算项目的全部投资加权综合利率，作为项目实际财务效益的对比指标；分析项目资金年度计划与实际到位情况变化及影响。

（4）生产运行评价。生产运行评价是根据项目后评价时的实际运营情况，预测未来项目的发展，对照可行性研究评估的目标，找出差别，分析项目外部和内部条件的变化和制约条件，如市场变化、政策变化、管理制度、管理水平、技术水平等。将生产经营实际完成的生产技术指标与设计值对比，分析变化原因。

（5）管理水平评价。后评价要对项目实施全过程的各阶段管理者的工作做出评价。是否能科学有效地管理项目各项工作；人才和资源是否得到合理的使用；项目实施过程中，管理者执行的法规、规定、标准的水平等。

2. 项目效益评价

项目效益后评价包括财务评价和国民经济评价，项目的财务后评价与前评价中的财务分析在内容上基本是相同的，都要进行项目的盈利能力分析、偿债能力分析，只是评价的目的和数据取值不同。但在评价采用的数据中，应将物价指数扣除，并使之与前评价中的各项评价指标在评价时点和计算效益的范围上都可比。

（1）财务后评价。在盈利能力分析中要通过全部投资和自有资金现金流量表，计算全部投资融资前税前内部收益率、净现值等指标，计算自有资金融资后税后内部收益、净现值等指标通过编制损益表，计算资金利润率、资金利税率、资本金利润率等指标，以反映项目和投资者的获利能力。偿债能力分析主要通过编制资产负债表，借款还本付息计算表，计算资产负债率、流动比率、速动比率、偿债准备率等指标反映项目的偿债能力。

（2）国民经济后评价。国民经济后评价是从国家或地区整体的角度考察项目的效益，从社会经济资源择优配置的角度，确定投资行为的宏观可行性。国民经济后评价的主要指标有经济内部收益率、经济净现值、经济净现值率。

3. 项目影响评价

项目影响是指对于其周围地区在经济、运行、社会以及环境所产生的作用和影响。重点分析项目与整个社会发展之间的关系。项目影响评价包括经济影响评价、社会影响评价和环境影响评价三个方面。项目影响评价以定性分析为主,基本分析方法是比较法。

4. 项目持续性评价

项目持续性评价是指对项目建成投入运营后,项目的既定目标是否能够按期实现,并产生较好的效益,项目业主是否愿意并可以依靠自己的能力继续实现既定目标,项目是否具有可重复性等方面做出评价。

评价项目的持续性包括三个方面的内容:环境功能的持续性,经济增长的持续性,项目效果的持续性。进行项目持续性评价,应在分析基础上提出解决影响项目持续性问题的措施建议。持续性分析的基本方法是逻辑框架法。

二、后评价的作用

后评价具有透明性和公开性的特点,可以通过对投资活动成效和失误的主客观原因分析,相对客观公正地明确投资决策者、管理者和建设者在工作中存在的实际问题,从而进一步改进、完善和调整相关政策和管理程序,总结经验与教训,更有效地开展下一次项目。项目后评价对完善已建项目、改进在建项目和指导待建项目意义重大,已成为项目全寿命周期中的重要环节和加强投资项目管理的重要手段。后评价的目的在于加强企业固定资产投资项目管理,提高企业投资决策水平和投资效益,完善投资决策机制。

后评价对于决策者加强企业固定资产投资项目管理,提高企业投资决策水平和投资效益,完善投资决策机制等方面发挥着重要作用,具体来说,主要表现在以下几个方面:

1. 反馈信息,改进或完善在建项目

通过项目后评价,对已竣工项目的实施全过程进行分析研究,总结项目建设与管理经验,不仅对完善当前项目有重要意义,而且可以对将来同类型的新投资项目的规划和决策完善投资管理水平提出建议,并且也可以为后续项目实施运营中出现的难题提出改进措施,从而达到优化投资效益的目的,项目决策层能有效运用项目后评价的结论和成果,针对类似的项目做到举一反三,为新项目的实施提供科学依据,对决策者决策水平和管理水平的提高有重要作用。

2. 总结经验教训,提高管理水平

项目后评价不仅是评价结果的分析反馈,而且是对项目前评价的检查与监督。通过开展项目后评价,可以从评价结果中发现项目决策过程中存在的漏洞,并及时反馈调整。项目后评价能客观地反映和评价项目全过程中的每一个管理活动,评价的结论可以作为上级主管单位考核评价参建单位的主要依据,也可以作为合同关系方满意度考评的重要参考，以此反过来敦促各参建方加强过程管理，确保项目目标实现。通过项目后评价，对已经建成项目的实际情况进行分析研究，有利于指导未来项目的管理活动，从而提高项目管理的水平。

3. 完善投资政策和发展规划，提高决策水平

通过建立完善的项目后评价制度和科学的方法体系，一方面可以增强前评价人员的责任感，提高项目预测的准确性；另一方面可以通过项目后评价的反馈信息，及时纠正项目决策中存在的问题，从而提高未来项目决策的科学化水平。项目后评价的监督功能与项目前期评价、项目实施监督结合在一起，可形成对项目全面系统的监督机制，对参与项目人员的工作形成一种监督，促使各方做好相关工作，客观有效地检查项目存在的实际问题，避免决策失误，从整体上提升项目科学化决策水平，保证项目目标的实现。

三、后评价基本特性与原则

1. 后评价的基本特性

根据项目后评价在项目周期中的地位和作用，呈现以下基本特性。

（1）全面性。项目后评价，既要总结、分析和评价投资决策和实施过程，又要总结、分析经营过程；不仅要总结、分析和评价项目的经济效益、社会效益，而且还要总结、分析和评价经营管理状况；不仅分析和评价过去，还要展望未来，得出持续性分析。因此，项目后评价具有数据采集范围广泛、评价内容全面的特点。

（2）动态性。项目后评价主要是对投产1~2年后的项目进行全面评价，涉及项目从决策到实施、运营各个阶段不同的工作方面，具有明显的动态性和跨越性。项目后评价也包括项目建设过程中的事中评价或中间跟踪评价，阶段性评价有利于及时了解、改正项目建设过程中出现的问题，减少项目建设后期的偏差。项目后评价成果并不是一成不变的，不同阶段的后评价应根据采集到的项目进展最新数据，对前期后评价成果进行修正。

（3）方法的对比性。对比是项目后评价的基本方法之一，是将实际结果与原定目标进行同口径对比，将实施完成的或某阶段性的结果，与建设项目前期决策设定的各项预期指标进行详细对比，找出差异，分析原因，总结经验和教训。只有对比才能找出差异，才能判断决策、实施的正确与否，才能分析和评价成功或失误的程度。项目后评价有强烈的对比性，有无对比方法也常用于项目的后评价。

（4）依据的现实性。项目后评价是对项目已经完成的现实结果进行分析研究，依据的数据资料是建设项目实际发生的真实数据和真实情况，对将来的预测也是以评价时点的现实情况为基础。因此，后评价依据的有关资料，数据的采集、提供、取舍都要坚持实事求是、客观评价，避免因偏颇使用而形成错误结论。

（5）结论的反馈性。项目后评价的目的是为改进和完善项目管理提供建议，为投资

决策部门提供参考和借鉴。要达到这个目的，只有将后评价的成果和结论进行有效的反馈才能实现。也就是说，没有反馈机制，后评价的目的就无法实现，作用无法发挥，后评价工作本身也就失去了存在的意义。这是项目后评价的最大特点。由于项目后评价内容包含对建设项目投资决策工作的"评头论足"，后评价成果和结论的反馈要有十足的勇气和能力。项目后评价成果的反馈形式主要包括书面文件（评价报告或出版物）、后评价信息管理系统、成果反馈讨论会、内部培训和研讨等。

2. 后评价的原则

（1）公正性原则。公正性原则是指在评价时，应采取实事求是的态度，在发现问题、分析原因和做出结论时避免主观臆断，应始终保持以客观、公正的态度进行评价工作。公正性标志着项目后评价及评价者的信誉。

（2）独立性原则。独立性原则是指项目后评价不受项目决策者、管理者和执行者的干扰，要从评价机构、评价人员、评价程序以及监督机制等方面加以落实和保证，并且要自始至终贯穿于整个项目后评价过程，包括评价内容确定、指标选择、调查范围、报告编审等，都应独立完成。

（3）科学性原则。科学性原则是指项目后评价所采用的理论、方法和手段是公认和经过实践验证为正确的，评价结果既要反映项目的成功经验，也要反映失败教训。项目后评价所采用的资料信息也要具有完整性和可靠性。

（4）实用性原则。实用性原则强调项目后评价结果能对未来的类似项目提供借鉴和指导，对被评价项目本身的后期运行也具有指导作用。项目后评价报告提出的结论和建议要具体、实用和可行。

（5）反馈性原则。一是用于项目后评价的信息资料是从项目竣工后，由实施过程中反馈回来的；二是后评价结果要及时反馈给相关决策和实施部门。项目后评价是这两级反馈的中间加工过程，它将工程项目运行的复杂信息通过分析、处理、归纳，成为具体的结论和建议，供相关部门和类似项目的立项评估使用。

四、后评价成果及应用方式

1. 后评价成果形式

项目后评价的成果形式从评价范围来分，包括后评价报告、专项评价报告年度报告，从工作综合复杂程度来分，包括后评价意见、简报和通报。

（1）后评价报告。项目后评价报告是评价结果的汇总，是反馈经验教训的重要文件。后评价报告必须反映真实情况，报告的文字要准确、简练，尽可能不用过分生疏的专业词汇。报告内容的结论、建议要和问题分析相对应，并把评价结果与未来规划以及政策的制订、修改相联系。

配电网工程后评价报告基本内容主要包括：摘要、项目概况、评价内容、主要变化和问题、原因分析、经验教训、结论和建议、基础数据和评价方法说明等。

（2）专项评价报告。根据项目建设实际情况，对于项目建设中问题多发环节或成果显著过程进行专项评价，目的是发现问题、总结经验。专项后评价可以包括：投资控制专项后评价报告、项目技术水平（进步）后评价报告、项目安全管理后评价报告、项目建设质量控制后评价报告、项目经济效益后评价报告、项目环境影响后评价报告、项目可持续水平后评价报告。

（3）后评价年度报告。通过后评价年度报告，围绕和突出公司投资项目建设与管理的大局和主流，抓住趋势性和规律性的问题，在已有后评价成果的基础上进行系统总结和提炼，在宏观管理层面上发挥积极作用。

（4）简报和通报。为了更好地发挥项目后评价的作用，在公司（集团）范围内可以通过简报通报或年度报告的形式进行推广。

1）简报。简报是用于公司（组织）内部传递情况或沟通信息的简述报告。简报主要为反映工作情况和问题，及时对于后评价中重要问题在公司范围内通过公司内部会议形式或者内部网络平台进行发布。后评价简报可以是连续性的，也可以对后评价范围内的某一问题在公司（集团）某一范围作为简报传达。编写简报要针对重点和亮点，简明扼要地据实反映问题，简报还应注重实效，简报是单位领导对一些问题做出决策的参考依据之一，也是单位推动工作的一个重要手段。

2）通报。通报是上级把有关事项告知下级的公文，通报从性质来分包括表扬通报、批评通报和情况通报，通报兼有告知和教育属性，有较强的目的性。奖励和批评通报中一般会有嘉奖和惩处决定，情况报告中除情况说明外会提出希望和要求。后评价工作情况可以通过通报形式进行传达给相关部门，目的是交流经验吸取教训，推动工作的进一步开展。

2. 后评价成果应用方式

后评价通过对项目建设全过程的回顾，总结经验教训，改进项目管理水平和提高投资效益，最终目的是提高投资管理科学化水平，打造企业核心竞争力。后评价工作完成后，为更好地发挥其应有的作用，通过召开成果反馈讨论会内部培训和研讨，以及建立后评价动态数据共享平台库等形式进一步推广项目管理经验。

（1）成果反馈讨论会。通过项目后评价报告和后评价意见，有针对性地总结经验、发现问题和提出建议，从而改进了项目管理，完善了规章制度，通过后评价成果反馈讨论会可以在更高的层次上总结经验教训，集中反映问题和提出建议，为完善项目决策提供了重要参考依据；通过多层次、多形式的研究成果与信息反馈，将项目后评价成果与项目决策、规划设计、建设实施、运行管理等环节有效地联系起来，实现了投资项目闭环管理，提高了后评价工作的实效性。

后评价评价范围涉及项目建设全过程和项目所有参加单位，成果反馈讨论会的参加人员可以有两种参与形式，一种要求项目参加单位全部参加，针对建设单位、各参与单位存在的问题集中讨论，有利于深度剖析建设问题的原因，有利于发承包双方的责任厘清和工作水平的提高。另一种讨论会是建设单位内部相关部门参加的讨论会，一般包括项目一线主要专业负责人、项目建设管理各相关部门负责人以及主管领导，对于电网建设项目要求建设单位基建部、发策部、物资部、经研院（所）等项目建设相关部门参加，必要时邀请公司内部专家或外聘行业专家到会。

成果反馈讨论会重点针对后评价报告中提出的经验和问题，进一步分析原因，在公司和行业范围内推广先进经验，提高管理水平。成果反馈讨论会可以针对某一项目，也可以根据实际情况对项目组或项目群进行集中讨论，项目后评价讨论会由建设单位组织召开。建设单位在会前应做好会议计划和议题准备。

（2）开展内部专项培训。内部培训和研讨企业内部培训根据其自身的特点和发展状况而"量身定制"的专门培训，旨在使受训人员的知识、技能、工作方法、工作态度以及工作价值观得到改善和提高，从而发挥出最大的潜力提高个人和组织的业绩，推动组织和个人的不断进步，实现组织和个人的双重发展。后评价是项目建设的重要环节，投资项目后评价的功能和作用主要围绕总结项目经验教训，以供后续同类项目借鉴，提升投资项目决策管理水平为主，宏观的投资决策、发展战略、政策措施建议为辅。可以内部培训和研讨，更好地理解后评价理论方法和实务方法，促进项目投资决策和管理水平的不断提升。

后评价内部培训应以企业内部中高层管理人员为主要培训对象，课程内容、教学方式均可以采用多种灵活方式。授课老师可以选择公司内部或行业咨询专家，教育方式可以采用讲授和讨论相结合的方式，授课内容在讲授后评价理论方法的同时重点研讨电网工程后评价实务。

（3）信息网络平台建设。计算机网络的功能主要有资源共享、信息交换、分布式处理及网络管理等几个方面。资源共享是计算机联网的主要目的，共享的资源包括硬件、软件数据和信息。随着互联网技术的不断进步，企业信息化建设的推进，企业内网（intranet）技术迅速发展，从第一代的信息共享与通信应用，发展到第二代的数据库与工作流应用，进而进入以业务流程为中心的第三代 Intranet 应用，形成一个能有效地解决信息系统内部信息的采集、共享、发布和交流的，易于维护管理的信息运作平台。Intranet 带来了企业信息化新的发展契机，打破了信息共享的障碍，实现了大范围的协作。

通过企业内部网络有条件共享后评价相关数据，合理应用输变电项目后评价成果，有助于总结经验教训，改进工作。但由于输变电项目后评价成果涉及电网关键技术和企业经营秘密，在网络共享平台中发布宜采用多种方式，针对不同受众分级发布，建立输变电项目后评价成果的密级评定与分级发布机制。传统意义的后评价是基于某时点的评价，是在工程项目运营一段时间后对项目各个阶段的整体总结，不具有动态性。但项目的成功度具有动态性质，不能由某一段的工程总结得出的静态结论来替代，在项目全寿命周期内，应对项目运营各项指标进行实时监测。项目的功能指标、效率指标、主设备缺陷和寿命以及环保指标是项目目标评价的核心内容，项目社会影响、环境影响及其可持续性是一个需要长期观测的指标，这些测量应贯穿项目全寿命周期，动态数据监测分析有助于对项目建设前期决策水平和建设实施水平进行进一步的检验和评价。建议建设单位设立相应的长效观测机制，建立动态后评价数据库，通过动态反馈和横向、纵向对比，提出优化方案，提高总体管理水平和经济效益。在项目后评价信息平台上建立动态数据库，对项目进行真正意义上的动态后评价，必将产生深远的管理意义。

第二节　后评价起源与发展

一、后评价发展的三个阶段

后评价起源于 19 世纪 30 年代的美国，最初更多只关注项目财务效益的高低。经过不断地发展，20 世纪 30 年代项目后评价的基本理论逐步形成。项目后评价不仅可以用于工程项目，还能用于政府管理。发展至今，项目后评价已受到世界各国和国际金融组织越来越广泛的青睐与采用，而且成为政府政策制定和宏观管理的一种重要工具。国际上项目后评价的发展历程从时间线上可以划分为以下三个阶段。

第一阶段，19 世纪 30 年代～20 世纪 30 年代，项目后评价思想萌芽。这时期以古典经济理论为根本，尤其依靠"费用-效益"的分析思想，关注财务效益的高低，追求企业利润最大化，成为项目后评价的思想起源，但尚未形成真正意义上的理论。

第二阶段，20 世纪 30 年代～20 世纪 60 年代，传统"成本-效益"分析方法发展应用阶段。这一时期，项目后评价主要依托"成本-效益"的福利学分析，也就是帕累托最优理论，经济评价成为项目后评价的重点。20 世纪 30 年代，美国实施"新分配"政策的时候，为克服经济危机，政府拨款大兴建设项目工程，为使项目正常进展进而得到民众的信任，美国政府第一次有计划地就上述项目实施了项目后评价。到 20 世纪 60 年代，美国政府制定了"向贫困宣战"计划，政府动用了数以亿计的资金新建了一大批有关食品、就业、教育、社会医疗保障等的公益项目，国会和公众对这些资金的使用、效益和影响表现出极大的关注，于是在计划实施的同时，又进行了以投资效益为核心的项目后评价，特别是运用了后评价手段进行有效的监督，使得项目后评价的理论和方法得到发展和完善。但从上述案例可以看出，这一时期的项目后评价工作主要围绕政府投资的公共项目开展，且只关心公共基础项目的社会生产效益，对经济效益关注不多。

第三阶段，20 世纪 70 年代至今，"新理论与方法"的产生与发展阶段。20 世纪 70 年代，项目后评价开始被瑞典、加拿大、英国等发达国家和国际组织广泛运用，通过运用一些区别于传统方法的新方法理论，以检验并提高投资活动效果。同时，世界银行、亚洲开发银行等相关国际金融机构都开始设置自己单独的部门并建立严格的完善的后评价程序，同时在很长一段时间的实践过程中逐渐形成了一套相对完善的机制以及后评价工作体系，积累了非常多的成功经验。通过最近几十年的发展，项目后评价目前已经被全球范围内的很多国家政府以及国际金融组织的重视，同时也变为了国家部门实施宏观调控的关键性手段。

二、国外不同国家后评价产生及发展

20世纪30年代，美国、瑞典等一些发达国家的政府机构，如财政、审计及援外单位就已经开始有目的地对建设项目进行后评价。到20世纪70年代，项目后评价就广泛被世界许多国家和国际金融组织所接受，成为项目投资管理的一种重要手段。由于各国、各组织间的具体情况不同，开展项目后评价的方法也存在着较大的差异。以下将分别介绍发达国家、发展中国家和国际金融组织使用的后评价体系的特点。

1. 发达国家

在发达国家，项目后评价工作主要是对国家的财政预算、计划和项目等进行评价。目前，多数发达国家已形成中央政府、地方政府和私营企业公司的后评价体系，三者相互借鉴、相互影响，由此在后评价方面产生了许多创新。后评价工作领域呈扩大趋势，最初后评价以对国家的预算、计划和规划的评价为主，包括使用国家预算的大、中型投资公共项目，目前其范围已经涉及社会的各个方面。这些国家有开展项目后评价的法律和系统的规则、专门的管理机构、科学的方法体系，由分散、零碎的后评价向具有明确的法律和系统的规则、明确的管理机构的后评价发展，形成一个有效、完善的管理循环和评价体系。

20世纪30年代时，美国的财政、审计机构和援外单位逐渐开始开展项目后评价工作，涉及金融、能源、财政、通信、交通和建筑等行业，尤其是政府公益性项目。20世纪60年代，美国"War of Poverty"计划中联邦政府为新建一大批大型公益项目投入大量资金，由此引发民众对国会资金的使用、效益和影响的关注。因此，在计划实施时，美国政府进行了以投资效益为核心的项目后评价，这种以效益为核心进行评价的原则一直延续至今，并为各国所接受和采纳。70年代到80年代，由于某些公益性项目的决策由美国政府下放到州政府或地方政府，后评价的过程也相应扩展到地方。地方政府对主要社会项目的评价更为密切和直接，后评价更注重对项目过程的研究，而不是等到项目结束后才进行。在美国，后评价不仅是进行内部控制和管理的重要手段，同时也是相互进行监督的重要工具，这对后评价的发展和完善产生很大的推动力。美国的后评价机构为美国会计总署，属于立法机构，直接在美国国会领导下进行工作，主要对美国政府的公共支出绩效进行评价。借助立法与行政分权的制度，会计总署可以在国会领导下对联

邦政府实施有效的监督。在美国的公司和企业中，对后评价工作越来越重视的趋势也逐渐明显，一些企业开始使用被称为"战略计划"的方式，通过所确立的发展目标，公司可以不断地检查其计划实施的程度，根据实际结果监测和评价其部门的执行情况，不断地调整和修订其目标和策略。

加拿大建立的后评价制度包括中央政府政策要求、中央政府协调功能、行业部门从事后评价的规定，以及内部审计和议会审计制度。加拿大项目后评价的重点更多倾向于学习和总结经验，以加强和改进对项目投资的管理。目前，加拿大政府正在考虑把后评价与项目实施过程中的评价结合起来，将项目实施过程中的评价看作总的后评价的一个组成部分，使后评价和实施过程中的评价成为一个整体。

瑞典的管理评价工作的国家级机构一个是国家审计署，另一个是议会审计师事务所，此外各行业部门都有各自的评价机构。从 20 世纪 30 年代起，各个机构开始对国家投资项目进行效果检查，并向社会公开结果。从 1945 年建立后评价制度以来，后评价系统对国家政策及海外开发机构的工作有效性和工作质量进行评价、提出建议，为议会和政府决策服务，起到了良好效果。

英国没有设立专门的国家后评价系统，而是分散在政府机构中，并受中央管理机构指导，主要由财政部对国家投资项目进行检查和投资风险评价。后评价对象选择原则是：只要由政府投资，就必须做项目后评价；不用政府投资的可不做后评价。由于英国政府用于国内的基建投资很少，因此，对其本土的后评价做得不多，主要是对其援外项目进行后评价。

2. 发展中国家

在发展中国家，后评价也取得了较快的发展。在这些国家中，开展后评价的机构大多从属或挂靠政府的下属机构，相应独立的后评价机构和评价体系尚未真正形成，但仍有不少国家的经验值得学习。

作为发展中国家的代表，印度在 20 世纪 50 年代成立了有关项目后评价的组织机构，起步较早、较为典型。虽然后评价工作范围宽泛，包括教育福利、环境质量和经济发展等，但其评价对象主要是国家预算、项目和计划，将国家资金预算、监测、审计和评价相结合，并形成一个系统、科学的评价体系。与其他国家和国际组织的后评价相比，印度后评价体系有以下几个特点：第一，在计划委员会内成立了项目评价组织，负责组织项目后评价，项目后评价组织机构划分为中央和地方两级，每一级评价组织职责分工明确。第二，项目后评价对象仅限于政府投资项目。其中，中央评价组织负责组织实施国家计划内投资项目或发展规划的后评价工作；地方评价组织负责实施各个邦政府的项目后评价工作。第三，项目后评价的实施完全由专职后评价人员进行。从基础资料的收集到编制项目后评价报告全过程的工作都由专职后评价人员完成。第四，项目后评价结果广泛公开。项目后评价组织所准备的报告几乎全部公开发表，有些重要报告由指定的政府出版情报局的官员负责出版；有些报告的主要结论通过电台、电视台和日报向社会公布。由于印度重视后评价工作，取得了很大成绩，受到了世行等国际金融组织的赞赏。为了使其经济发展计划顺利实施，印度后评价的制度和方法也在不断的实践中完善起来，其后评价的范围逐步扩展，几乎涉及农业、工业、教育等行业的所有项目。到目前为止，在当今所有的发展中国家、发达国家和国际机构中，印度拥有世界上规模最大的后评价机构。

菲律宾的后评价工作开始于 20 世纪 70 年代初，菲律宾项目后评价的目的是通过对项目实施的实绩及其影响的评价，从项目准备、决策、实施过程中吸取经验教训，并将评价结果应用到有关部门，为做好未来项目的准备、决策和实施工作提供依据，从而进一步提高政府投资效率服务。菲律宾项目后评价内容主要体现在以下 3 个方面：第一，测定投资决策前对项目所做的设想是否科学、合理及合理程度。第二，测定对项目成本和效益的预测是否已实现，或有迹象表明在将来能够实现以及实现程度。第三，鉴定项目的实际情况与预期效果不一致的现象，分析产生这种偏差的原因并提出合理的对策措施。

3. 国际金融组织

20 世纪 70 年代以来，越来越多的国际金融组织依靠后评价体系来检查其投资活动的结果。这些组织基本都有后评价管理机构，且机构的评价主要有四种形式：由本组织内行业管理所做的自我评价；由行业管理就其自身目的所做的深层次研究；专家组所做的复查，通常是向政府部门报告；独立进行的深层次研究。

在国际金融机构中，世界银行的贷款项目后评价工作不仅系统、全面，而且效果突出。后评价在世界银行工作中占有极为重要的位置，成为指导其业务的基础性工作。在 20 世纪 70 年代中期就已经建立了一套比较完善的贷款管理制度和贷款发放、使用和监督办法。世界银行的后评价工作经过几十年的实践，已初步形成了相对固定的工作程序，可大致分为五个阶段，包括自我评价、对自我评价的审议、年度综合报告、对特殊项目的复评和项目后评价结果的反馈。在组织实施方面，世行建立了专门从事后评价工作的业务评价局（Operation Evaluation Department，OED）。业务评价局只对银行董事会和行长负责，不受外来干扰，独立地进行工作，对项目执行结果做出结论，将信息直接报告给世行最高决策机构。世行项目后评价一般分两个阶段进行。第一阶段是编制项目完成报告。项目完成报告是在项目贷款支付完毕后的 6～12 个月内，由世行贷款项目的准备和实施的业务人员负责编制，内容包括项目进展情况、经济效益、经验教训和结论。第二阶段是由业务评价局指定专人通过查阅有关文件、实地调查、会议讨论等多种方式，对项目进行客观、公正、全面地总结评价，写出项目执行情况审核备忘录，连同项目完成报告一并上报董事会和银行行长。在项目完成通过审核以后的 5 年左右，业务评价局还要从已审核的项目中挑选一半左右进行复审，根据项目新的生产运行情况，重新编制复审报告书。这一套后评价办法执行了 20 多年来，使得世行贷款项目成功率不断提高，大大促进了世行业务工作的开展，并使受援国的经济也得到了不断发展。

亚洲开发银行的后评价工作是其管理体系不可分割的一部分，是制定政策的关键依据之一，其目的在于评价亚行贷款活动的效果以及为实现这些效果而采取的各种手段的有效性，分析导致贷款成功或失败的因素，这有助于改善项目的选定、设计、执行以及发挥成效。总的来说，亚行项目的后评价系统通常包括五个主要部分，项目竣工报告、项目执行审计报告、后评价报告的年度回顾、影响评价研究和特别研究。此外，后评价报告还包括供亚行和借款国参考的各种观点的结论。尽管后评价意见的处理工作是亚行业务局的责任，但是后评价办公室还是要督促这些意见的处理工作，并编写必要的报告。为监督将后评价的结论用于新的项目之中，项目执行过程中的有关文件草案要抄送后评价办公室征求意见；后评价办公室汇编有关亚行已完工项目的后评价结论供新项目参考，并通过编制执行报告来监督后评价意见工作的执行。

三、国内后评价产生及发展

我国开展项目后评价起步较晚，但随着我国经济的快速发展，项目后评价已经越来越引起各方的高度重视。从新中国成立初期到 21 世纪初，我国工程项目综合评价的发展大致经历了以下四个阶段。

第一阶段，在新中国成立初期，相关部门为了对企业管理活动、建设项目等进行分析和论证进而指导国内的经济建设，引进了苏联的"技术经济论证"的方法，这对我国"一五"期间的经济建设起到了重要的促进作用。但由于当时进行经济评价主要是为了适应计划的需要，没有考虑资源的最优配置和市场需要，因此这种技术经济方法起到的作用是非常有限的。

第二阶段，20 世纪 50 年代～20 世纪 70 年代时期，经济建设活动及秩序日益混乱，刚刚起步的技术经济分析理论和方法也没有能够得到进一步的发展和深入研究，经济评价的研究在当时进入停滞阶段。

第三阶段，改革开放以后，我国进一步加大与国际之间的技术经济合作，世界银行也逐步加大对我国建设项目的贷款，而提供贷款的条件之一就是必须对建设的项目进行可行性评价研究，这在一定程度上加速了我国引进和发展可行性研究理论和经济评价方法。在总结项目评价实践经验的基础上，国家部分经济决策部门、商业银行、社会研究机构、高等院校、设计咨询单位等都对项目后评价工作给予了极大的关注，在借鉴国外项目后评价理论方法的同时，对适合我国国情的项目后评价的理论和方法进行了广泛的研究，我国后评价相关理论和体系的发展开始突飞猛进。1988 年，原国家计委下发《关于委托进行利用国外贷款项目后评价的通知》，开展第一批国家重点投资建设项目的后评价工作，标志着我国后评价工作的正式开始。1988 年 2 月，《中国基本建设》杂志第一次开设后评价专栏，发表了《武钢一米七轧机工程后评价报告》，这是国内公开发表的第一份项目后评价报告。在这之后，我国先后出台了《建设项目经济评价方法与参数》《关于建设项目经济评价工作的暂行规定》《工业建设项目可行性研究经济评价方法—企业经济评价》《关于建设项目进行可行性研究的试行管理办法》等一系列相关指导性文献和法规文件，针对项目后评价的重要意义、主要方法以及内容选择、评价层次等方面都进行了非常完善的规定，在理论方面进行了积极的尝试和探索。

第四阶段，21世纪以来，我国的经济评价理论逐渐变得系统、客观、科学。我国学术界逐渐深入地了解和研究国外项目评价的相关理论。2000年开始，我国先后出版了《投资项目经济咨询评估指南》《投资项目可行性研究工作手册》和《投资项目可行性研究指南（试用版）》等可行性研究和经济评价的指导性文献；2004年，国务院下发《关于投资体制改革的决定》；2005年，国资委出台了《中央企业固定资产投资项目后评价工作指南》；2008年，国家发展改革委颁布了《中央政府投资项目后评价管理办法（试行）》；2014年，国家发展改革委出台了《中央政府投资项目后评价管理办法》和《中央政府投资项目后评价报告编制大纲（试行）》。我国投资项目后评价在政府投资和企业投资项目领域蓬勃开展起来，并且随着投资项目出现的新趋势和新特点，不断进行相应新课题的研究和实践。我国有关部门和单位出台的项目后评价政策见表1-1。

表1-1　　　　　　　　我国有关部门和单位出台的项目后评价政策

时间	部门	项目后评价文件/标准名称
1988年	国家计委	《关于委托进行利用国外贷款项目后评价工作的通知》
1991年	国家计委	《国家重点建设项目后评价工作暂行办法（讨论稿）》
	审计署	《涉外贷款资助项目后评价办法》
1992年	中国建设银行	《中国建设银行贷款项目后评价实施办法（试行）》
1993年		《贷款项目后评价实用手册》
1996年	国家计划委员会	《国家重点建设项目管理办法》
	交通运输部	《公路建设项目后评价工作管理办法》
2002年	原国家电力公司	《关于开展电力建设项目后评价工作的通知》
2004年	国务院	《关于投资体制改革的决定》
2005年	国资委	《中央企业固定资产投资项目后评价工作指南》
2008年	国家发改委	《中央政府投资项目后评价管理办法（试行）》
2011年	水利部	《水利建设项目后评价报告编制规程》（SL 489—2010）
2014年	国家发改委	《中央政府投资项目后评价管理办法和中央政府投资项目后评价报告编制大纲（试行）的通知》
	国家标准委	《项目后评价实施指南》（GB/T 30339—2013）
2017年	国家能源局	《输变电工程项目后评价导则》（DL/T 5523—2017）
2019年	国家能源局	《20kV及以下配电网工程后评价导则》（DL/T 5782—2018）
	国务院	《政府投资条例》（国令第712号）
2022年	国家发改委	《投资咨询评估管理办法》

第三节　国内外后评价工作现状

一、国外后评价工作发展现状

经过几十年的发展，国外的项目后评价现在较为成熟，其发展趋势主要表现为以下几方面：

1. 项目后评价的系统化、制度化

项目后评价由分散、零碎的后评价向具有系统的规则、明确的法律和管理机构的后评价转变，突出表现为后评价的法律法规正在逐步完备，后评价机构的设立正在法治化、规范化，后评价的工作程序和评价依据正在法治化等几个方面。1980 年，美国会计总署成立了后评价研究所，这是美国的项目后评价向系统化、制度化方向发展的重要标志。目前，美国的后评价已拥有最广泛的支持和最完善的系统，包括项目后评价人员培训、创办后评价相关专业协会和专业杂志等方面。韩国 1983 年颁布了（1987 年进行了部分修正）《政府投资机构管理基本法》，明确规定项目后评价是投资管理的重要内容。澳大利亚在 1987 年及随后制定的有关法律法规中规定，政府有关部门每年都必须对所管理的项目进行后评价，并且要将评价结果报财政部汇总审查。在机构设置方面，国外大多数国家的后评价机构除依附于政府各行政部门外，有的后评价机构还隶属于议会，如美国会计总署、加拿大总审计长办公室、澳大利亚审计署、马来西亚审计署等机构，都独立于联邦政府进行项目后评价，直接向议会负责。

2. 评价内容复杂化、全面化

经过几十年的发展，项目后评价的内容由一开始单一的财务评价逐步演变为包括财务评价、技术评价、经济评价、环境评价、安全评价、社会评价等多项内容。20 世纪 50 年代以前，各国推行的项目后评价以财务评价为主，财务上的可行性是项目投资决策的主要评价指标。50 年代到 60 年代，人们对项目后评价有了追求社会层面效益的认知。70 年代前后，世界经济发展带来了严重的环境污染问题，引起了人们广泛的重视。全球各国几乎都颁布了环保法，根据立法的要求，项目评价增加了环境评价的内容。到了80 年代，项目评价实践经验，使人们逐渐认识到项目产生的各种影响，不仅体现在经济方面，社会方面也不容忽视。比如世界银行等组织十分关心其援助项目对受援地区的贫困、妇女、社会文化和持续发展所产生的影响。在这种背景下，项目的社会影响后评价开始成为投资活动评估和评价的重要内容之一。

3. 后评价逐渐延伸到投资活动的全过程

早期的项目后评价更多的是对项目完成后的效果或影响进行评价，对项目建设实施阶段的评价分析较少。随着项目后评价时间的深入和人们认识的不断提高，项目后评价的时间范围开始扩展，从前评价到后评价，再到对项目全过程的监督和管理的评价，项目后评价正在逐步形成对项目全过程综合分析和全面评价的完整体系，在项目监督管理、提高决策水平方面发挥更加重要的作用。如世界银行的后评价系统、亚洲开发银行 2000 年所发布的项目后评价反馈系统等都体现了全过程评价的重要性。

4. 后评价方法综合化、多样化

后评价方法由单一的定性分析向定性与定量相结合，统计、逻辑、控制、模糊等多种复杂方法并用转变，有关研究也不断推陈出新，成熟且通用的后评价方法有对比法、逻辑框架法、成功度法、统计预测法。学者们将运筹学、模糊理论、统计方法等加入研究，从不同角度解决多目标优化问题，形成了常用的综合评价方法。20 世纪 70 年代，美国经济学家查恩斯（A. Charnes）和库柏（W. W. Copper）等学者提出数据包络分析法（Data Envelopment Analysis，DEA），即根据多指标的投入和产出，对决策单元的相对效率来评价优劣的系统分析方法。随后 1980 年，美国著名运筹学家托马斯·塞蒂（T. L. Saaty）等人提出的一种将定性与定量分析相结合的多准则决策的层次分析法（The Analytic Hierarchy Process，AHP），是目前项目后评价方法中最常用的方法之一，得到广泛运用。由于层次分析法主观性较强、目标值难以定量描述等问题，熵权法应运而生。美国学者 Wang M. J 依托模糊数学的相关理论，应用模糊关系并构成原理，把部分不清晰、不明确的因素进行量化，从不同因素对于被评价目标的隶属情况实施综合评价的模糊综合评价法（Fuzzy Comprehension Evaluation Method）。进入 21 世纪，随着信息与技术的发展进步，不少学者将智能算法和神经网络运用在项目评价中，使研究更具有可操作性和科学性。

二、国内后评价工作发展现状

虽然国内相关的研究工作起步较晚，但后评价工作凭借其无可替代的重要地位迅速在全国范围内普遍推广，后评价工作已经取得政府、企业、学界的一致高度重视。我国项目后评价工作已经从无到有逐渐发展起来，人们对后评价工作的认识也逐步深入。近年来已经实现了由散乱的评价指标向较为健全的指标体系、由单一评价指标向综合后评价指标体系、由前评价到后评价再到项目全寿命周期全过程评价的演变，形成了较为系统性、完整性、科学性的项目后评价理论体系及方法。近年来，我国项目后评价的发展趋势主要体现在"后评价受重视程度越来越高、推广速度越来越快""后评价体制机制逐步完善、规章制度不断健全""后评价项目类型多元化、评价方法多样化"和"后评价服务水平不断提高、功能和作用不断拓展"四个方面。

随着我国经济社会的不断发展，全社会固定资产投资在投资结构、投资规模、投融资方式等方面也不断变革，相应投资项目的类型也呈现出新的特点。政府投资项目从原来财政拨款为主，逐步向 BT、BOT、TOT、PPP、基金方式股权投资等多种投融资方式结合过渡，除投向基础设施、民生保障、生态环境建设等项目，还调整和转变投向产业发展、资源能源等项目。企业投资项目中传统固定资产投资项目所占比例越来越低，增资、收购资产、股权投资等并购类项目越来越多，而且现代公司管理制度下的投资项目管理模式也不断呈现出新的特点和需求。项目类型呈现出多元化的特点，相应开展后评价工作时的评价重点、评价方法、组织方式等向多样化发展。

第四节　配电网工程后评价现状

一、配电网的定义与特点

电网是一个由发、输、配、用等环节构成的联系发电与用电的统一整体，主要包括输变电设备、配电设备以及相应的辅助系统。其中，配电网就是指从输电网或地区发电厂接受电能，通过配电设施就地分配或按电压逐级分配给各类用户的电力网。主要由架空线路、电缆、杆塔、配电变压器、隔离开关、无功补偿电容以及一些附属设施等组成。

配电网按电压等级来分类，可分为高压配电网（35～110kV）、中压配电网（6～10kV）、低压配电网（220/380V），在负载率较大的特大型城市中，220kV 电网也有配电功能。按供电区的功能来分类，可分为城市配电网、农村配电网等。配电网主要有以下特点。

（1）电压等级低。配电网的电压等级一般较低，这是因为在输电和变电的过程中，将输送的高压电能降压后，再从变电站输送到用户所在的场所，需要较低的电压等级。

（2）负荷变化较大。配电网能够满足较小规模的用户群体的用电需求，而这些负载在电量和时间上都有着很大的不同。如周期性负荷农排、煤改电供电设备等，呈现明显季节性特点，以及光伏大量接入导致负载率呈现诸多新特点。因此，配电网需要具备良好的稳定性和灵活性，以适应负载的变化。

（3）运维成本相对较高。配电网是覆盖范围最广、投资规模最小的电力系统之一，一般是布置在城市和乡村的各个小区形成的网状分布。但是，由于分布范围广、分布分散，增加了配电网的运维难度和成本。

（4）直接服务于用户。配电网可以提供直接服务于用户的电力需求。配电网的电力会直接输送到终端用户消费。配电网的稳定性和安全性更有保障，可以更好地保障用户用电质量。相应地，一旦配电网发生故障，将直接影响到电力用户，同时电力用户的设备故障也将直接影响配电网的安全。

二、配电网的作用

配电网是电力系统中联系用户的重要一环，是连接客户最直接的纽带，也是城市电网、农村电网等最重要的组成部分,其安全可靠性直接影响着国民经济发展和人民生活水平提高,与人民群众的生产、生活息息相关。配电网的作用主要表现在以下几个方面。

(1)实现电能分配。配电网通过电缆、电线和变压器等设备将输送到配电网的电能传输和分配到各个用电设备。在分配过程中还需要对电能进行升降压和分合开关等处理,以确保电能能够按照不同用电需要进行分配。

(2)增强供电可靠性。配电网采用多回路供电的方式,实现了多重供电和自动备份的措施,有利于提高供电可靠性和稳定性。并且通过智能化设备的运用,配电网能够对电力进行实时监控、检测及故障隔离处理,降低了电力事故的发生率,提高了电网的运行安全性,保证稳定的供电质量。

(3)节约能源,降低成本。配电网实施电能计量及分时率计价等措施,并依靠使用高效节能设备和技术,可以对用电量进行精确测量,追求实现以最小的能耗满足用户的用电需求,提高能源的利用效率。

(4)提供便捷的电力服务。配电网是电力服务的生成、传输与分配的基础设施。随着智能化、数字化和自主化技术的应用,配电网能够提供便捷、高效和个性化的电力服务,及时而满意地满足用户对电能的需求。

(5)促进新能源的接入。在促进新能源接入方面,配电网具有非常重要的作用。配电网建设必须积极加强技术创新,通过智能化监测、电力互联网等手段,实现新能源的大规模接入和利用。

三、配电网工程后评价的必要性及意义

随着我国工业的蓬勃发展、城镇的加速建设,GDP 的高速增长带动电力需求的不断增长,电力负荷和供电量一直保持持续上升的态势。我国电网企业实现了大踏步、跨越式的发展,电网结构进一步加强,电网技术装备水平不断提高,电网新兴技术蓬勃发展,电网企业资产规模和企业实力大大增强。

其中,配电网作为电网的重要组成部分,近年来越来越受到重视,投资规模呈现出快速增长趋势,建设规模不断扩大,因此带来了大批量的配电网投资项目的建设实施。但是,配电网建设项目天然具有建设周期较长、资金投入密集、投资规模较大、影响投资效果的因素复杂、投资转移与替代性较差等特点,并且这些项目的规划和实施可谓时间紧、任务重、点多面广。配电网投资项目的管理面临着重要课题:如何对这大批量的配电网投资项目实施过程进行有效管控、怎样对竣工投产后产生的功能效果和投资效益合理衡量、能否实现预期目标等问题,是供电企业走向市场化竞争和迈向国际先进行列所需重视的。

目前电网项目后评价工作主要针对主网工程,配电网工程项目后评价尚存在许多不足之处。在实际操作中,电网企业往往十分关注对投资配电网项目的前评价,而对投资

后的效益情况以及各项投资经验的积累重视程度不够，对于除经济、技术方面外的评价指标也常常忽视，配电网项目管理的各个环节中后评价成为了薄弱环节。正是由于缺乏对项目经验的总结，直接导致在配网建设中出现过的问题不能得到有效解决，从而重复出现该类问题，造成了许多项目的决策失误，无形中增加了项目成本。而且我国电网建设项目的提出以及项目优先级的确定，经常依靠人工确认，从而导致了项目决策水平较低，造成了资金的巨大浪费，影响了投资配电网项目的工作效率。

因此，针对配电网工程项目后评价体系及方法研究具有重要的理论价值和现实意义。如何利用好项目后评价这一工具，进一步加大对配电网改造的指导作用，对于电力企业检验建设成果、总结经验教训、提高管理水平、优化资源配置、更好地服务于广大用电客户意义重大。随着配电网工程急速增加，研究建立一套切合实际、操作性强、合理有效的配电网项目后评价指标体系和评价方法，对配电网项目的过程、效果、效益等各方面进行综合评价，有利于提高后评价工作的质量，也有利于提高电网企业项目投资决策的科学化水平。优化配电网结构，改善配电网设备水平，提高供电可靠性，向社会、居民优质可靠地供电，是配电网最基本的作用，也是配电网必须要承担的社会责任与义务。对于电网企业而言，建立标准化的配电网项目后评价体系是项目成功与经验积累的必要保证，配电网项目后评价是提高投资决策水平、改进投资决策、提高投资效益的需要，是提高项目管理水平的重要手段，具有十分重要的现实指导意义。

四、配电网工程后评价的发展过程

现阶段，为促进电网项目更好发展，各电网公司均推出大量电网后评价项目。为保障电网项目后评价工作的有序开展，各电网公司紧锣密鼓地出台了多部政策性文件，为电网项目后评价提供指导与帮助。

从 2007 年开始，南方电网公司在广东电网公司开展 10kV 以下配电网项目后评价试点，并陆续推广到全省，基于此编制了《配电网项目后评价实施办法》，标志着 10kV 以下配电网项目后评价正式在南方电网公司系统内落地，成为常态化工作。随着《电网项目后评价内容深度指导意见》（南方电网计〔2013〕77 号）、《技改、科技、信息化项目后评价内容深度指导意见》（南方电网计〔2013〕94 号）和《关于印发投资评价指标和评价报告模板的通知》（南方电网计〔2015〕30 号）的出台，我国配电网工程后评价历经从试点到推广、从某一年某一地区配电网基建后评价到配电网技改后评价，再到三年五年某地区配电网基建后评价、从配电网后评价到侧重于投资评价的配电网后评价，评价内容逐渐向投资评价靠拢。

近年来，配电网后评价的整体发展趋势呈现出向好发展的态势：在评价内容上关注新一轮电力体制改革下电网公司配电网投资风险和投资收益，在评价方式上重视信息化对后评价的支撑作用，以提高后评价效率。各电网公司出台的后评价配套政策见表 1-2。

表 1-2　　　　　　　　　　　　**各电网公司出台的后评价配套政策**

时间	发文单位	文件名称
2010 年	南方电网公司	《配电网项目后评价实施办法》(南方电网计〔2010〕135 号)
2013 年	南方电网公司	《电网项目后评价内容深度指导意见》(南方电网计〔2013〕77 号)
	南方电网公司	《技改、科技、信息化项目后评价内容深度指导意见》(南方电网计〔2013〕94 号)
2014 年	国家电网公司	《国家电网公司固定资产投资项目后评价实施规定》[国网(发展/3) 363—2014]
2015 年	国家电网公司	《国家电网公司关于开展 2015 年电网项目后评价工作的通知》(国家电网发展〔2015〕281 号)
	南方电网公司	《关于印发投资评价指标和评价报告模板的通知》(南方电网计〔2015〕30 号)
	国家电网公司	《新一轮农网改造升级工程和无电地区电力建设工程专项后评价报告大纲》
2016 年	内蒙古电力公司	《固定资产投资项目后评价技术规范》
2017 年	国家电网公司	《配电网项目后评价内容深度规定 (Q/GDW 11728—2017)》
	国家电网公司	《国家电网公司固定资产投资项目后评价管理规定》[国网(发展/3) 864—2017]
2018 年	国家电网公司	《配电网规划后评价技术导则》
	国家电网公司	《配电网项目后评价内容深度规定》
2019 年	国家电网公司	《国家电网有限公司投资管理规定》[国网(发展/2) 477—2019]
2021 年	国家电网公司	《电力企业配网不停电作业能力建设评价导则》

五、配电网工程投资后评价发展中存在的问题

我国配电网工程后评价发展至今，已逐步探索形成较为成熟的后评价体系，包括后评价模板、后评价指标体系、后评价标准等。但由于配网项目存在建设改造目标多样、项目数量繁多、项目规模多样以及网络结构系统性等特点，决定了配电网后评价是一项综合性很强的系统性工作，在实践工作中目前仍然存在许多问题亟待解决。

1. 用于后评价的原始数据具有局限性

目前，在采集配电网后评价的原始数据时具有一定的局限性，导致部分数据无法获取，从而降低开展配电网评价工作的效率。原始数据的局限性对多种常用的评价体系均产生影响，主要体现在：第一，原始数据来源无法达到多样性的要求。配电网评价数据要求资料的广泛性，导致许多资料数据根本不存在或不能收集，进而导致未能完成多方面分析数据的目的。第二，原始数据具有不完整性。供电企业在不同区域的先进性存在差异，不同供电企业有不同的数据保存方式，造成一些同种指标数据不明原因地丢失。第三，原始数据保存具有分散性。全球科学技术不断提高，社会经济飞速发展，各行业领域的分工越来越细致，电力部门也不例外，配电网工作人员各司其职，这样便导致了后评价资料分散不齐，造成配电网后评价工作资料缺乏，这就要求在资料采集时各部门相互配合。

2. 缺乏权威的评价机构和健全的评价机制

目前电力企业配网投资项目后评价工作主要依靠相关电力设计单位的力量开展，缺乏一个统一的、权威的评价机构对配电网投资项目后评价工作进行负责与开展。并且进行后评价工作的运行机制也有待完善，经常出现原始数据的收集与整理不够规范、评价结果的反馈与公开机制不够健全等问题。

3. 后评价的重视不够

由于一直以来基于社会和民生需求，供电企业比较注重电网工程建设是否能按时保质完成，而忽视对工程全周期成本的考虑，项目后评价开展也流于形式，造成后评价成果的反馈和扩散效果差。同时，专门对电力投资项目后评价的研究较少，基本上是针对公共事业、国家投资的基建项目，针对配电网领域后评价的研究又更少。

4. 后评价方法有待提升

由于配网投资项目后评价工作开展的时间较短，在方法的积累方面不足，没有形成成熟定型的后评价方法，基本上仍然采用传统的评价模式，以定性分析或半定性半定量分析为主，主观成分过多，缺乏科学性。指标构建也不完善、不规范，更多地强调静态、量化的评价，而未考虑指标的动态趋势；同时指标内容往往非常重视技术性指标，而忽略项目实施过程、效益以及可持续发展等指标，造成评价不能做到科学公正，从而使参考价值大打折扣。另外后评价指标权重的设置存在较强的主观性，如何将模糊、定性指标进行量化以及指标数据的标准化处理，更加科学合理地确定指标权重的方法也有待进一步探讨。

5. 后评价报告质量需完善

由于没有健全的评价机制和成熟的评价方法，也缺乏规范统一的配电网后评价标准，后评价报告的内容无论是在广度还是深度上都有待加强，主要表现在后评价所涵盖的范围有限，对环境评价、可持续性评价等方面涉及较少，不同区域之间的横向比较性不强等；同时，对评价结果的分析只停留在数据层面，缺乏对存在问题的深入剖析与措施建议，单单从评价的结论着手来了解掌握配电网整体是不具有说服力的。

由上可见，目前我国配网工程项目后评价工作仍有很长一段路要走。希望通过认真深入分析真实的施工资料中出现的各种各样的问题和困难，总结经验教训，能够为配电网工程项目建设的发展提供帮助，并对未来的项目建设提供指导意义，从而达到项目建设效率以及管理水平提高目的，最终实现配网工程项目减少投资、安全建设的目标。

第二章　建设项目后评价方法

后评价方法的基础理论是现代系统工程与反馈控制的管理理论。后评价的具体方法很多，常用方法主要有数据收集与调查、市场预测方法、对比分析方法和整体评价方法。项目后评价工作总体来讲分三个阶段，首先是数据和资料的收集，其次是数据分析和指标的对比，最后是项目的整体评价。数据调查和采集主要通过建设资料的查阅和现场访谈、专家座谈会以及问卷调查等方法完成。项目建设指标分析评价的主要方法是对比法，即根据后评价调查得到的项目实际情况，对照项目立项时所确定的直接目标和宏观目标，以及其他指标，找出偏差和变化，分析原因，得出评价结论和经验教训，项目后评价的对比法包括前后对比、有无对比和横向对比。整体评价主要方法有逻辑框架法、成功度评价和多属性综合评价方法。除上述常用方法外，也可根据项目类型特点和评价重点具体选用其他科学的评价方法，以达到支撑评价的目的。

第一节　数据收集与调查

调查收集资料和数据采集的方法很多，有资料收集法、现场观察法、访谈法、专题调查会、问卷调查、抽样调查等。一般视工程项目的具体情况，后评价的具体要求和资料收集的难易程度，选用适宜的方法。在条件许可时，往往采用多种方法对同一调查内容相互验证，以提高调查成果的可信度和准确性。工程收资是项目后评价的重要基础工作，有时需要多次收资并对资料的完整性和准确性进行确认。工程后评价工作方案确定后，根据工程项目特点制定工程资料收集表，在现场收资期间需要逐条确认。

一、资料收集法

资料收集法是通过搜集各种有关经济、技术、社会及环境资料，选择其中对后评价有用的相关信息的方法。就电网项目后评价而言，工程前期资料以及报批文件、工程建设资料、工程招投标文件、监理报告、工程调试资料、工程竣工验收资料、配变或线路运行资料和相关财务数据等都是后评价工作的重要基础资料。资料收集是后评价工作的重要环节，收资工作质量直接影响后评价工作的进度和后评价工作水平，收资工作应做好良好计划，后评价合同签订后，后评价单位应尽快做好收资计划，制定后评价收资表并交由委托单位进行准备。后评价收资表应准确齐全，尽量注明委托方具体负责单位或部门。收集到的资料应妥善保管，文件资料交由专人管理，同时做好接收和借阅记录，后评价完成后，文件资料归还委托单位。

二、实地调查法

实地调查法是深入一线、深入研究样本现场进行调研的方法。实地调查法的优势是可以收集获得第一手的数据、照片、录像等真实资料，能够了解到最新的、真实的具体情况。通过对实地调研方法的再细化，能够获取大量的材料，适用性强。当然实地调研法也有局限，有些资料难以通过实地调研获取，就需与查阅资料法相结合，相互进行补充。通常，后评价人员应到项目现场实际考察，例如对比相关数据与生产月报是否相符等，从而发现实际问题，客观地反映项目实际情况。

三、访谈法

通过线上访问或当面访谈的方式从相关使用人群、对象中获得所需调研信息的一种调查方式。它与专家调查法都是通过对有关对象的访谈来获取信息，但二者之间的区别在于专家调查法针对的对象是特定专家，有一定的学术专业性，而个别访谈法的访谈对象范围更广，可以是相关从业人员、工作人员、现场使用者、群众等，访谈互动的过程中往往能够获得除调查问卷外更多的有价值的材料，有助于调查研究的深入。其工作量和调查对象量要小于问卷调查法。访谈以一人对一人为主，但也可以在集体中进行。访谈也是一种直接调查方法，有助于了解工程涉及的较敏感的经济、技术、环境、社会、文化、政治等方面的问题。更重要的是直接了解访谈对象的观点、态度、意见、情绪等方面的信息。例如，对于配电网工程社会影响和社会公平等的调查可以采用访谈法。

四、问卷调查法

问卷调查法是笔者设计制作的调查问卷，通过在调研现场或线上发放的方式，获得调查信息反馈，并在回收后进行统计分析的调查方式。该调查方法具有调查对象多、人群结构广泛、获得信息的方式相对简便、信息量大等优势，但可能存在调查对象反馈的信息偏差较大、调查对象配合度低等问题。问卷调查所获得的资料信息易于定量，便于对比。

第二节　市场预测方法

预测是对未来不确定事件的预报和推测，市场预测是关于市场未来状况的预报和推测。市场预测活动是在市场调查的基础上，分析研究各种数据、资料，运用科学方法，探讨供求趋势，预报和推测未来一定时期内供求关系变化的前景，从而为企业的营销决策提供科学依据。

一、市场预测的作用

（1）市场预测是管理决策职能的重要组成部分。

（2）可以预测市场未来发展趋势，为企业确定生产经营方向提供有参考意义的依据。

（3）可以预测消费者对商品具体需求变化的趋向及竞争对手供货变化的趋向，有利于企业改进产品设计、增强产品适销对路的能力。

二、市场预测的方法

1. 定性预测法

定性预测法也称为直观判断法，是市场预测中经常使用的方法。定性预测主要依靠预测人员所掌握的信息、经验和综合判断能力，预测市场未来的状况和发展趋势。这类预测方法简单易行，特别适用于那些难以获取全面的资料进行统计分析的问题。因此，定性预测方法在市场预测中得到广泛的应用。定性预测方法包括专家会议法、德尔菲法、意见汇集法、顾客需求意向调查法。

2. 定量预测法

定量预测是利用比较完备的历史资料，运用数学模型和计量方法，来预测未来的市场需求。定量预测基本上分为两类，一类是时间序列模式，另一类是因果关系模式。定量预测的方法很多，主要有以下两种。

（1）趋势外推法。用过去和现在的资料推断未来的状态，多用于中、短期预测。有时间序列的趋向线分析和分解法、指数平滑法、鲍克斯—詹金斯模型、贝叶斯模型等。

（2）因果和结构法。通过找出事物变化的原因及因果关系，预测未来。有回归分析、一元线性回归方程模型和联立方程模型、模拟模型、投入产出模型、相互影响分析等。

在配电网工程后评价实务中，影响财务评价数据的成本和收入受售电量、购售电价差、管理费、维护成本等因素影响，这些因素直接或间接取决于区域电力负荷，而后者则直接与经济发展态势相关。为了准确计算项目财务盈利能力指标（包括财务净现值、内部收益率和投资回收期等）以及项目抗风险能力分析，需要准确预测财务评价基础数据的相关运营数据。

在《建设项目经济评价方法与参数（第三版）》中对于财务评价基础数据的预测在原则上给出了指导意见，对于运营期投入物和产出物价格较难预测，运营期各年采用预测到运营期初的不变价格；对于主要产出物年度产量（分年运营量）可以根据市场预测的结果并结合项目性质确定。对于配电网工程项目财务后评价基础数据中，电力负荷随经济发展态势变化而变化，精准的经济发展态势预测和电力负荷预测尤为重要。经济预测或市场预测分短期预测、中期预测和长期预测，在财务后评价中需要预测计算期内的负荷参数，属于长期预测。国内外电力负荷预测的方法和成果很多，但由于影响电力负荷的因素复杂多变，中长期预测电力负荷较为困难，其准确性在短期内无法验证，在项目后评价财务评价时，电力负荷建议采用运行期内（后评价时点前）的平均值、加权平均值或后评价时点数据。

第三节　对比分析方法

对比法是后评价分析的主要方法，常用于数据或指标的比较。对比分析包括定量分析和定性分析两种。在项目后评价中，宜采用定量分析和定性分析相结合，以定量计算为主，定性分析为补充的分析方法。与定量计算一样，定性分析也要在可比的基础上进行"设计效果"与"实际效果"对比分析和"有工程"与"无工程"的对比分析。在单一指标比较基础上，逻辑框架法是一种综合的比较方法，包括投入和产出分析及目标和实现度分析。

一、定量分析方法

定量分析方法是指运用现代数学方法对有关的数据资料进行加工处理，据以建立能够反映有关变量之间规律性联系的各类预测模型的方法体系。在后评价工作中能够采用定量数字或定量指标，表示各项经济效益、运行水平、社会影响、环境评价等方面效果的方法，统称为定量分析法。

二、定性分析方法

定性分析方法亦称"非数量分析法"，主要依靠预测人员的丰富实践经验以及主观的判断和分析能力，推断出事物的性质、优劣和发展趋势的分析方法。这类方法主要适用于一些没有或不具备完整的历史资料和数据的事项。在电网后评价中，有些指标例如宏观经济态势、管理水平、宗教影响、拆迁移民影响等指标一般很难定量计算，只能进行定性分析。

三、对比分析法

对比法是后评价的主要分析方法，也叫比较分析法，是通过实际数与基数的对比来体现实际数与基数之间的差异，借以了解经济活动的成绩和问题的一种分析方法。对比分析方法有项目"有无对比"分析、"前后对比"分析和"横向对比"分析。

1. 有无对比

"有无对比"是项目建设前后的相关指标的对比，通过比较"有""无"项目两种情况下，项目的投入物和产出物可获量的差异，识别项目的增量费用和效益。其中"无"和"有"分别是指"未建项目"和"已建项目"，有无对比的目的是度量"未建项目"与"建设项目"之间的变化。通过有无对比分析，可以确定项目建设带来的经济、运行、社会及环境变化，即项目真实的经济效益、社会和环境效益的总体情况，从而判断该项目对经济、运行、社会、环境的作用和影响。对比的重点是要分清项目的作用和影响与项目以外因素的作用和影响。对比分析法的关键，是要求投入的代价与产出的效果口径一致，即所度量的效果要真正归因于项目。

在配电网工程后评价实践中，环境影响数据属于增量成本，增输、增供电量以及新增收入属于增量收益，是"有"项目数据，由于这些"无"项目数据为"0"，项目社会效益也是"有"项目数据，也属于"有无对比"法的范畴。

2. 前后对比

"前后对比"是项目实施前后相关指标的对比，用以直接估量项目实施的相对成效。区别于"有无对比"，"前后对比"是指将项目实施之前的规划数据与完成之后的实际数据进行对比，以确定项目的作用与效益的一种对比力法。在项目后评价实务中，一般是指将项目前期的可行性研究和评估等建设前期文件对于技术、经济、环境以及管理等方面的预测结论与项目的实际建设及运行效果相比较，以发现变化和分析原因，评价项目前期决策水平以及实施效果和建设管理水平。对于电网建设项目，外部经济环境、自然环境、市场竞争环境、技术环境以及人力资源环境在项目实施前后都会发生一定变化，都会直接或间接影响项目的输出效果，通过"前后对比"可以反映项目建设的真实效果与预期效果的差距，有利于进一步分析变化的原因，提出相应的对策和建议。

"前后对比"在后评价工作实践中应用较多，是项目过程评价、项目经济效益评价、项目影响评价、项目可持续性评价以及项目运行水平评价的主要方法。投资水平比较是典型的"前后对比"，将可研投资数据、初设概算数据和竣工决算数据进行对比，比较投资水平变化情况，分析造成投资数据变化的原因，总结工程管理经验，提高决策水平。项目财务效益评价是后评价的重要内容，前后对比是财务效益后评价的主要方法，通过对项目规划数据和实际运营数据进行对比，分析数据变化原因。项目建设前期关于环境影响方面需要编制环境影响报告书，工程竣工后需要根据实际测量结果出具环境影响验收报告，这两组数据一个是前期决策的预测数据，一个是实施后的实际数据，这种对比用于揭示计划，决策和实施的质量，是项目过程评价应遵循的原则。

3. 横向对比

"横向对比"是指同一行业内类似项目相关指标的对比，用以评价企业（项目）的绩效或竞争力，横向对比一般包括"标准对比"和"水平对比"。

"标准对比"是指项目建设和运行数据的是否符合行业标准和国家标准，是否符合国家或行业行政审批、环境保护等政策、法规和标准。"水平对比"主要是为了更好地评价项目的技术先进性，需要与相同电压等级或容量等相类似工程的经济、运行、环境和管理等方面的指标进行对比，例如负载率、线损率、户均配变容量、投资结余率、线路跳闸率、故障停运率等等，除了需要进行行业对比外，还应与国际先进指标对比，发现差距和不足，提出进一步改进的措施。

第四节　整体评价方法

项目后评价在对经济、社会、环境效益和运行水平等单项指标进行定量与定性分析评价后，还需进行综合评价，确定工程的经济、运行、社会、环境总体效益的实现程度和对工程所在地及相关地区的经济、运行、社会及环境影响程度，得出后评价综合结论。项目后评价的综合评价方法有逻辑框架法、成功度法和多属性综合评价方法。

一、逻辑框架法

逻辑框架法（LFA）是美国国际开发署在 1970 年开发并使用的一种规划、设计实施与评估的方法，这种方法从确定待解决的核心问题入手，向上逐级展开，得到其影响及后果，向下逐层推演找出其引起的原因，得到所谓的"问题树"。将问题树进行转换，即将问题树描述的因果关系转换为相应的手段——目标关系，得到所谓的目标树。目标树得到之后，进一步的工作要通过"规划矩阵"来完成。

1. 逻辑框架法的目标层次

LFA 是将几个内容相关，必须同步考虑的动态因素组合起来，通过分析其相互之间的关系，从设计策划到目的目标等方面来评价一项活动或工作。LFA 为项目计划者和评价者提供了一种分析框架，用以确定工作的范围和任务，并对项目目标和达到目标所需要的手段进行逻辑关系的分析。逻辑框架汇总了项目实施活动的全部要素，并按宏观目标、具体目标、产出成果和投入的层次归纳了投资项目的目标及其因果关系。

（1）宏观目标。项目的宏观目标即宏观计划、规划、政策和方针等所指向的目标，该目标可通过几个方面的因素来实现。宏观目标一般超越了项目的范畴，是指国家、地区、部门或投资组织的整体目标。这个层次目标的确定和指标的选择一般由国家或行业部门选定，一般要与国家发展目标相联系，并符合国家产业政策、行业规划等的要求。

（2）具体目标。具体目标也叫直接目标，是指项目的直接效果，是项目立项的重要依据，一般应考虑项目为受益目标群体带来的效果，主要是社会和经济方面的成果和作用。这个层次的目标由项目实施机构和独立的评价机构来确定，目标的实现由项目本身的因素来确定。

（3）产出。这里的"产出"是指项目"干了些什么"，即项目的建设内容或投入的产出物。一般要提供可计量的直接结果，要直截了当地指出项目所完成的实际工程（如港口、铁路、输变电设施、气井、城市服务设施等），或改善机构制度、政策法规等。在分析中应注意，在产出中项目可能会提供的一些服务和就业机会，往往不是产出而是项目的目的或目标。

（4）投入和活动。该层次是指项目的实施过程及内容，主要包括资源和时间等的投入。

2. 逻辑框架法的逻辑关系

（1）垂直逻辑关系。上述各层次的主要区别是，项目宏观目标的实现往往由多个项目的具体目标所构成，而一个具体目标的取得往往需要该项目完成多项具体的投入和产出活动。这样，四个层次的要素就自下而上构成了三个相互连接的逻辑关系。

第一级是如果保证一定的资源投入，并加以很好的管理，则预计有怎样的产出；第二级是如果项目的产出活动能够顺利进行，并保证外部条件能够落实，则预计能取得怎样的具体目标；第三级是项目的具体目标对整个地区乃至整个国家更高层次宏观目标的贡献关联性，这种逻辑关系在LFA中称为"垂直"，可用来描述各层次的目标内容及其上下层次间的因果关系。

（2）水平逻辑关系。水平逻辑分析的目的是通过主要验证指标和验证方法来衡量一个项目的资源和成果，与垂直逻辑中的每个层次目标对应，水平逻辑对各层次的结果加以具体说明，由验证指标、验证方法和重要的假定条件所构成，形成了LFA的4×4的逻辑框架。

在项目的水平逻辑关系中，还有一个重要的逻辑关系就是重要假设条件与不同目标层次之间的关系，主要内容是：一旦重要条件得到满足，项目活动便可以开始；一旦项目活动开展，所需的重要条件也得到了保证，便应取得相应的产出成果；一旦这些产出成果实现，同水平的重要条件得到保证，便可以实现项目的直接目标；一旦项目的直接目标得到实现，同水平的重要条件得到保证，项目的直接目标便可以为项目的宏观目标做出应有的贡献。

对于一个理想的项目策划方案，以因果关系为核心，很容易推导出项目实施的必要条件和充分条件，项目不同目标层次间的因果关系可以推导出实现目标所需要的必要条件，这就是项目的内部逻辑关系。而充分条件则是各目标层次的外部条件，这是项目的外部逻辑，把项目的层次目标（必要条件）和项目的外部制约（分条件）结合起来，就可以得出清晰的项目概念和设计思路。

总之，逻辑框架分析方法不仅仅是一个分析程序，更重要的是一种帮助思维的模式，通过明确的总体思维，把与项目运作相关的重要关系集中加以分析，以确定"谁"在为"谁"干"什么？""什么时间？""为什么？"以及"怎么干"。虽然编制逻辑框架是一件比较困难和费时的工作，但是对于项目决策者、管理者和评价者来讲，可以事先明确项目应该达到的具体目标和实现的宏观目标，以及可以用来鉴别其成果的手段，对项目的成功计划和实施具有很大的帮助。

二、成功度法

成功度法是后评价的常用的综合评价方法，成功度评价是指依靠评价专家的经验，综合后评价各项指标的评价结果；或者用打分的方法，对项目的成功度做出定性结论。后评价根据项目实际情况，在判定项目成功度时，对于指标赋权和多属性综合评判常用的方法有层次分析法、模糊综合评价方法和基于数据处理智能评价方法。

项目后评价需要对项目的总体成功度进行评价，即项目成功度评价。该方法需对照项目可行性报告和前评价所确定的目标和计划，分析项目实际实现结果与其差别，以评价项目目标的实现程度。在做项目成功度评价时，要十分注意项目原定目标合理性、可实现性以及条件环境变化带来的影响并进行分析，以便根据实际情况评价项目的成功度。

成功度评价是依靠评价专家或专家组的经验，对照项目立项阶段以及规划设计阶段所确定的目标和计划，综合各项指标的评价结果，对项目的成功程度做出定性的结论。成功度评价是以用逻辑框架法分析的项目目标的实现程度和经济效益分析等方法的评价结论为基础，以项目的目标和效益为核心，所进行的全面系统的评价。

成功度评价法的关键在于要根据专家的经验建立合理的指标体系，结合项目的实际情况，并采取适当的方法对各个指标进行赋权，对人的判断进行数量形式的表达和处理，也可以提升决策者对某类问题的主观判断。常用的赋权法有主观经验赋权法、德尔菲法、两两对比法、环比评分法、层次分析法等。

1. 项目成功度的标准

项目后评价的成功度可以根据项目的实现程度可定性的分为 5 个等级：完全成功、基本成功、部分成功、不成功、失败。工程项目后评价成功度标准见表 2-1。

表 2-1　　　　　　　　　　　工程项目后评价成功度标准

评定等级	成功度	成功度标准	分值
A	成功	项目的各项目标都全面实现或超过； 相对成本而言，取得巨大的效益	80～100
B	基本成功	项目的大部分目标已经实现； 相对成本而言，达到了预期的效益和影响	60～79
C	部分成功	项目实现了原定的部分目标，相对成本而言，只取得了一定的效益和影响； 项目在产出、成本和时间进度上实现了项目原定的一部分目标，项目获投资超支过多或时间进度延误过长	40～59
D	不成功	项目在产出、成本和时间进度上只能实现原定的少部分目标； 按成本计算，项目效益很小或难以确定； 项目对社会发展没有或只有极小的积极作用或影响	20～39

续表

评定等级	成功度	成功度标准	分值
E	失败	项目原定的各项目标基本上都没有实现； 项目效益为零或负值，对社会发展的作用和影响是消极或有害的，或项目被撤销、终止等	0~19

2. 项目成功的测定

项目成功度是通过成功度表来进行测定的，成功度表里设置了评价项目的主要指标。在评价具体项目的成功度时，不一定要测定所有的指标。评价者需要根据项目的类型和特点，确定表中的指标和项目相关程度，将它们分为"重要""次重要""不重要"三类，在表中第二栏（相关重要性）中填注。一般对"不重要"的指标不用测定，只需测定重要和次重要的指标，根据项目具体情况一般项目实际测定的指标选在 10 项左右。

在测定指标时采用评分制，可以按照上述评定标准的第 1~5 的五个级别分别用 A、B、C、D、E 表示。通过指标的重要性和各单项成功度的综合，可得到项目总的成功度指标，也用 A、B、C、D、E 表示，填入表的最底一行的"项目总评"栏内。

项目的成功度评价法使用的表格是根据项目后评价任务的目的与性质确定的，我国各个组织机构的表格各有不同，表 2-2 为国内比较典型的项目成功度评价表。

表 2-2　　　　　　　　国内比较典型的项目成功度评价表

序号	评定项目指标	项目相关重要性	评定等级
1	宏观目标和产业政策		
2	决策及其程序		
3	布局与规模		
4	项目目标及市场		
5	设计与技术装备水平		
6	资源和建设条件		
7	资金来源和融资		
8	项目进度及其控制		
9	项目质量及其控制		
10	项目投资及其控制		
11	项目经营		
12	机构和管理		
13	项目财务效益		
14	项目经济效益和影响		
15	社会和环境影响		
16	项目可持续性		
17	项目总评		

三、多属性综合评价方法

1. 多属性综合评价的概念

综合评价要解决三方面的问题。首先是指标的选择和处理，即指标的筛选，指标的一致化和无量纲化，其次是指标的权重计算，第三是计算综合评价值。

综合评价是指对被评价对象所进行的客观、公正、合理的全面评价。如果把被评价对象视为系统的话，上述问题可抽象地表述为：在若干个（同类）系统中，如何确认哪个系统的运行（或发展）状况好，哪个系统的运行（或发展）状况差，这是一类常见的所谓综合判断问题，即多属性（或多指标）综合评价问题（the comprehensive evaluation problem）。对于有限多个方案的决策问题来说，综合评价是决策的前提，而正确的决策源于科学的综合评价。甚至可以这样说，没有（对各可行方案的）科学的综合评价，就没有正确的决策。因此，多属性综合评价的理论、方法在管理科学与工程领域中占有重要的地位，已成为经济管理、工业工程及决策等领域中不可缺少的重要内容，且有着重大的实用价值和广泛的应用前景，由此可见综合评价的重要性（特别是针对那些诸如候选人排队、重大企业方案的选优等问题，更是如此）。

综合评价问题的要素构成如下。

（1）被评价对象。同一类被评价对象的个数要大于 1，可以假定被评价的对象或系统分别计为 s_1，s_2，$\cdots$，s_n（$n>1$）。

（2）评价指标。各系统的运行（或发展）状况可用一个向量 x 表示，其中每一个分量都从某一个侧面反映系统的现状，故称 x 为系统的状态向量，它构成了评价系统运行状况的指标体系。每个评价指标都是从不同的侧面刻画系统所具有某种特征大小的度量。评价指标体系的建立，要视具体评价问题而定，这是毫无疑问的。但一般来说，在建立评价指标体系时，应遵守的原则是：系统性；科学性；可比性；可测取（或可观测）性；相互独立性。不失一般性，设有加项评价指标并依次记为 x_1，x_2，$\cdots$，x_m（$m>1$）。

（3）权重系数。相对于某种评价目的来说，评价指标之间的相对重要性是不同的。评价指标之间的这种相对重要性的大小，可用权重系数来刻画。即权重系数确定得合理与否，关系到综合评价结果的可信程度。

（4）综合评价模型。所谓多指标（或多属性）综合评价，就是指通过一定的数学模型（或算法）将多个评价指标值"合成"为一个整体性的综合评价值。在获得 n 个系统的评价指标值 $\{x_{ij}\}$（$i=1$，2，$\cdots$，n；$j=1$，2，$\cdots$，m）时构造的评价函数通常表示为

$$y = f(\omega, x) \tag{2-1}$$

式中：$\omega = (\omega_1, \omega_2, \cdots, \omega_m)^\tau$ 为指标权重向量，$x = (x_1, x_2, \cdots, x_m)^\tau$ 为系统的状态向量。由上式可求出各系统的综合评价值 $y_i = f(w, x_i)$，$x_i = (x_{i1}, x_{i2}, \cdots, x_{im})^\tau$ 为第 i 个系统的状态向量（$i=1$，2，$\cdots$，n），并根据 y_i 值的大小（或由小到大或

由大到小）将这 n 个系统进行排序或分类。

2. 常用的评价指标的处理方法

可持续发展的评价指标可以分为两大类，即定性指标和定量指标。其中，定性指标是难以量化的指标，例如，政治经济环境、企业管理水平、企业的文化影响等指标，难以进行量化比较或测量。对于定量指标，由于量纲不同，很难建立统一的评价标准，需要进行无量纲化使各个指标能在一个统一的平台上进行计算。

（1）定性指标的量化。在可持续发展的指标中有一些是定性指标，需要量化。量化有许多方法，常用的是采用模糊综合评判来进行无量纲化，模糊综合评价原理如下。

对于难以用精确的语言表述的指标，可以应用模糊综合评价，假设用因素集 $U=(u_1, u_2, \cdots, u_n)$ 来刻画事物，从每个因素的角度对该事物可得到一个评价，用 $V=(v_1, v_2, \cdots, v_m)$ 表示，它们的元素个数和名称均可根据实际问题由人们主观规定。对每个 u_i 进行综合评判，构造判断矩阵

$$R = \begin{bmatrix} r_{11} & r_{12} & \cdots & r_{1m} \\ r_{21} & r_{22} & \cdots & r_{2m} \\ \vdots & \vdots & \vdots & \vdots \\ r_{n1} & r_{n2} & \cdots & r_{nm} \end{bmatrix} \tag{2-2}$$

确定各指标的权重集：$A=(a_1, a_2, \cdots, a_n)$，因为对于 m 种评价是不确定的，所以综合评判应是 V 上的一个模糊子集：$B1=AoR=(b_{11}, b_{12}, \cdots, b_{1m})$，对 B 进行归一化处理，得到 $B2=(b_{21}, b_{22}, \cdots, b_{2m})$，其中

$$b_{2j} = \frac{b_{1j}}{\sum\limits_{j=1}^{m} b_{1j}} \tag{2-3}$$

此结果为一向量，它反映了评价对象在 $v_1, v_2, \cdots, v_m$ 上的隶属度，为了得到总目标的综合评价，往往要将向量化为点值，如采用模糊向量单值化方法，给每种等级赋以分值，将其用 1 分制数量化，然后用 B 中对应的隶属度将分值加权平均，获得点值。一般地，定量指标的量化为避免主观判断所引起的失误，增加定性指标的准确性可采用语义差别隶属度赋值方法，将定性指标分成 1~5 个档次：很好，较好，一般，较差，很差，并对每个档次内容所反映指标的趋向程度提出明确、具体的要求，建立各档次与隶属度之间的对应关系。根据对应关系将指标评价值定为 100、90、75、60、40 五等。

（2）指标的一致化。对于极小型指标，令

$$x'_{ijk} = M_{ij} - x_{ijk} \tag{2-4}$$

对于居中型指标，令

$$x'_{ij} = \begin{cases} \dfrac{2(x_{ij}-m_{ij})}{M_{ij}-m_{ij}}, & if\, m_{ij} \leqslant x_{ij} \leqslant \dfrac{M_{ij}+m_{ij}}{2} \\ \dfrac{2(M_{ij}-x_{ij})}{M_{ij}-m_{ij}}, & if\, \dfrac{M_{ij}+m_{ij}}{2} \leqslant x_{ij} \leqslant M_{ij} \end{cases} \tag{2-5}$$

其中，i 和 j 代表指标的阶，x_{ij} 为测量值，M_{ij}、m_{ij} 分别为指标的允许上下限或测量样本的极大值和极小值，x'_{ij} 为 x_{ij} 一致化的结果。

（3）指标的无量纲化。测量指标 x_1，x_2，$\cdots$，x_m 之间于单位或量级的不同而存在着不公度性，需要对评价指标作无量纲化处理。无量纲化，也叫作指标数据的标准化、规范化。它是通过数学变换来消除原始指标单位影响的方法。常用的方法有"标准化法""极值处理法""功效系数法"。

1）标准化法。即

$$x^*_{ij} = \frac{x_{xj} - \overline{x_j}}{s_j} \tag{2-6}$$

显然 x^*_{ij} 的（样本）平均值和（样本）均方差分别为 0 和 1，x^*_{ij} 为标准观测值。式中，$\overline{x_j}$，$s_j (j=1，2，\cdots，m)$ 分别为第 j 项指标观测值的（样本）平均值和（样本）均方差。

2）极值处理法。如果令 $M_j = \max\limits_i \{x_{xj}\}$，$m_j = \min\limits_i \{x_{xj}\}$，则有

$$x^*_{ij} = \frac{x_{xj} - m_j}{M_j - m_j} \tag{2-7}$$

式中，x^*_{ij} 是无量纲的，且 $x^*_{ij} \in [0，1]$。

3）功效系数法。采用功效系数法对指标进行无量纲化

$$x^*_{ij} = c + \frac{x_{ij} - m_{ij}}{M_{ij} - m_{ij}} \times d，通常 c = 60，d = 40 \tag{2-8}$$

式中，x^*_{ij} 为 x_{ij} 无量纲化结果。

4）无量纲化方法的选择原则。在计算中发现，不同的无量纲化方法得到的对相同的评价样本排序，评价结果是不同的；同时一致化和无量纲化的顺序变化也会对评价结果造成影响，那么怎样才是正确的结果呢。这里仅给出选择无量纲方法的原则：在评价模型、评价指标的权重系数、指标类型的一致化方法都已确定的情况下，应选择能尽量体现被评价对象 y_1，y_2，$\cdots$，y_n，离差平方和 $\sum\limits_{i=1}^{n}(y_i - \overline{y})^2$ 最大的无量纲化方法。

3. 多层次指标权重的计算

目前国内外提出的综合评价方法已有几十种之多，在后评价工作中，例如项目的成功度评价，项目可持续性评价以及社会影响评价，都属于多属性综合评价问题，其关键是确定评价指标的权重。权重的确定方法总体上可归为三大类：主观赋权评价法、客观赋权评价法和智能算法。主观赋权多是采取定性的方法，由专家根据经验进行主观判断而得到权数，包括层次分析法，模糊综合评判法等；客观赋权法是根据指标之间的相关关系和各项指标的变异系数来确定权数，包括灰色关联度法、TOPSIS 法、主成分分析法等；智能算法是通过智能评价模型可以有效模拟专家和以往的经验，从而得到合理的

评价结果。关于主观赋权的两种方法在后评价实践中应用较多，将在后面章节详细讲述。

（1）灰色关联度法。灰色关联度法（Grey Relational Analysis），是根据因素之间发展趋势的相似或相异程度，亦即"灰色关联度"，作为衡量因素间关联程度的一种方法。其基本原理是以各因素的样本数据为依据用灰色关联度来描述因素间关系的强弱、大小和次序，若样本数据反映出的两因素变化的态势（方向、大小和速度等）基本一致，则它们之间的关联度较大；反之，关联度较小。灰色关联度法认为若干个统计数列所构成的各条曲线几何形状越接近，即各条曲线越平行，则它们的变化趋势越接近，其关联度就越大，因此，可利用各方案与最优方案之间关联度的大小对评价对象进行比较、排序。该方法首先是求各个方案与由最佳指标组成的理想方案的关联系数矩阵，由关联系数矩阵得到关联度，再按关联度的大小进行排序、分析，得出结论。此方法的优点在于思路明晰，可以在很大程度上减少由于信息不对称带来的损失，并且对数据要求较低，无需大量样本，也不需要经典的分布规律，只要有代表性的少量样本即可，工作量较少；其主要缺点在于要求需要对各项指标的最优值进行先行确定，主观性过强，部分指标最优值难以确定，同时该方法不能解决评价指标间相关造成的评价信息重复问题，因而指标的选择对评判结果影响很大。灰色关联度法可以用于因素分析和综合评价，因素分析指通过比较样本数据和参考样本数据之间的关联度计算，可以确定影响参考样本的主要影响因素；综合评价通过给定最优样本（参考数列），通过关联度计算可以对被评价样本（比较数列）按照关联度大小进行排序，达到评价择优。

（2）TOPSIS 评价法。TOPSIS（Technique for Order Preference by Similarity to an Ideal Solution）TOPSIS 法是多目标决策分析中一种常用的有效方法，又称优劣解距离法，是通过对有限个评价对象与理想化目标的接近程度进行排序来确定样本的相对优劣。其基本原理，是通过检测评价对象与"最优解""最劣解"的距离来进行排序，若评价对象最靠近最优解同时又最远离最劣解，则为最好；否则不为最优。其中"最优解"和"最劣解"是 TOPSIS 法的两个基本概念，"最优解"的各指标值都达到各评价指标的最优值。"最劣解"的各指标值都达到各评价指标的最差值。方案排序的规则是把各备选方案与理想解和负理想解做比较，若其中有一个方案最接近理想解，而同时又远离负理想解，则该方案是备选方案中最好的方案。计算方法是在基于归一化后的原始矩阵中，找出有限方案中的最优方案和最劣方案（分别用最优向量和最劣向量表示），然后分别计算出评价对象与最优方案和最劣方案间的距离，获得该评价对象与最优方案的相对接近程度，以此作为评价优劣的依据，其缺点同样不能解决评价指标间相关造成的评价信息重复问题。

（3）主成分分析法。主成分分析法（Principal Components Analysis）是利用降维的思想，把多指标转化为几个综合指标的多元统计分析方法。其基本原理是数学变换，把给定的一组相关变量通过线性变换转成另一组不相关的变量，这些新的变量按照方差依次递减的顺序排列。在数学变换中保持变量的总方差不变，第一变量具有最大的方差，称为第一主成分，第二变量的方差次大，并且和第一变量不相关，称为第二主成分，依次类推，K 个变量就有 K 个主成分。通过主成分分析方法，可以根据专业知识和指标所反映的独特含义对提取的主成分因子给予新的命名，从而得到合理的解释性变量。在主成分分析法中，各综合因子的权重不是人为确定的，而是根据综合因子的贡献率的大小确定的。这就克服某些评价方法中人为确定权数的缺陷，使得综合评价结果唯一，而且客观合理，但是该方法假设指标之间的关系都为线性关系，在实际应用时，若指标之间的关系并非为线性关系，那么就有可能导致评价结果的偏差。

（4）机器学习。以机器学习（Machine Learning）为基础的人工智能算法是近年兴起的一门多领域交叉学科，涉及概率论、统计学、逼近论、凸分析、算法复杂度理论等多门学科。机器学习理论主要是设计和分析一些让计算机可以自动"学习"的算法，从数据中自动分析获得规律，并利用规律对未知数据进行预测的算法。计算智能的这些方法具有自学习、自组织、自适应的特征和简单、通用、鲁棒性强、适于并行处理的优点。在并行搜索、联想记忆、模式识别、知识自动获取等方面得到了广泛的应用。典型的代表如遗传算法、免疫算法、模拟退火算法、蚁群算法、微粒群算法，都是一种仿生算法，基于"从大自然中获取智慧"的理念，通过人们对自然界独特规律的认知，提取出适合获取知识的一套计算工具。总的来说，通过自适应学习的特性，这些算法能达到全局优化的目的。目前机器学习在数据挖掘和精确预测等众多领域已经有了十分广泛的应用，一般来讲，人工智能计算需要海量的数据，在后评价实践中，后评价数据积累和平台搭建尚处起步阶段，随着我国后评价工作的积极推进，人工智能技术将在后评价工作中发挥重要作用。

4. 综合评价常用方法

（1）层次分析法。20 世纪 70 年代美国著名运筹学家塞蒂提出了一种多目标、多准则的决策方法—层次分析法。它能将一些量化困难的定性问题在严格数学运算基础上定量化；将一些定量、定性混杂的问题综合为统一整体进行综合分析。特别是这种方法在解决问题时，可对定性、定量之间转换、综合计算等解决问题过程中人们所作判断的一致性程度等问题进行科学检验。在多指标评判中，既可用层次分析法对评价指标体系的多层次、多因子进行分析排序以确定其重要程度，又能对复杂系统进行综合评判，还可以用于多目标、多层次、多因素地决策问题。层次分析法是后评价研究常用的工具，通过建立目标、准则、指标的层次化结构，对目标方案进行定性定量评价，该方法的使用步骤如下。

1）建立层次结构模型。首先应先确定工作目标，运用该方法进行项目后评价时评价目标一般设置为目标层即最高层；为实现评价目标而采纳的较大方面的评价标准划分为准则层即中间层；根据较大方面评价标准细化得到的评价指标划分为指标层即最底层；

各层次对象间按照各自逻辑联系相互关联，形成层次结构模型。层次结构模型图如图 2-1 所示。

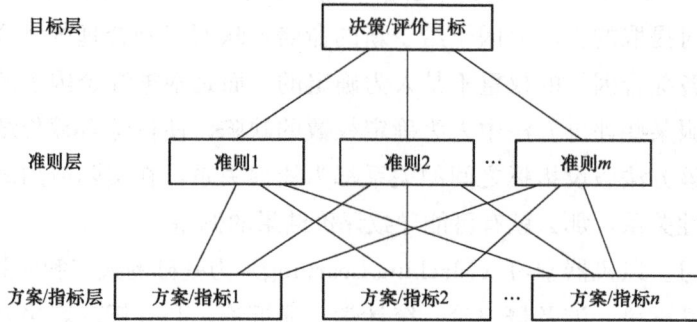

图 2-1　层次结构模型图

2）构造判断（成对比较）矩阵。层次结构构建完成后，应计算各层次指标权重，一般采用一致矩阵法，就是把各层所有的因素进行两两对比，这样对比可以避免所有指标统一进行对比无法有效量化的问题，降低因指标性质不同引起的对比困难的问题，提高指标对比的准确性。

设定指标 i 与指标 j 进行两两对比，其对比重要性值为 a_{ij}，将 a_{ij} 按重要性等级分为 9 个层级并进行赋值，标度的含义见表 2-3。根据两两对比结果得到的矩阵即判断矩阵 A。

$$A = \begin{bmatrix} a_{11} & \cdots & a_{1n} \\ \vdots & \ddots & \vdots \\ a_{m1} & \cdots & a_{mn} \end{bmatrix} \tag{2-9}$$

判断矩阵具有如下性质

$$a_{ij} = \frac{1}{a_{ji}} \tag{2-10}$$

判断矩阵元素 a_{ij} 的标度方法见表 2-3。

表 2-3　标度的含义

标度	含义
1	表示两个元素相比，具有同样重要性
3	表示两个元素相比，前者比后者稍微重要
5	表示两个元素相比，前者比后者明显重要
7	表示两个元素相比，前者比后者强烈重要
9	表示两个元素相比，前者比后者极端重要
2，4，6，8	表示上述相邻判断的中间值

3）层次单排序及其一致性检验。由于判断矩阵是人为赋予的，故需进行一致性检

验，即评价矩阵的可靠性。根据判断矩阵 A 可计算对应各层次间要素的相对权重或相对重要度，对其进行排序可得到权重向量 W，这也被称为层次单排序。权重向量的计算方法有几种途径，比较常见的有算术平均法（求和法）、几何平均法（方根法）、特征根法、最小二乘法。层次单排序前需要进行判断矩阵 A 的一致性检验，一致性指标用 CI 表示，将其定义为

$$CI = \frac{\lambda_{\max} - n}{n - 1} \tag{2-11}$$

式中，n 为判断矩阵阶数；$\lambda_{\max}$ 为判断矩阵最大特征根。CI 越小，一致性越大，一致性值越趋于 0，则一致性满意度越高。

在建立判断矩阵过程中，思维判断的不一致只是影响判断矩阵一致性的原因之一，用 1～9 比例标度作为两两因子比较的结果也是引起判断矩阵偏离一致性的另一个原因，且随着矩阵阶数的提高，所建立的判断矩阵越难趋于完全一致。这样对于不同阶数的判断矩阵，仅仅根据 CI 值来设定一个可接受的不一致性标准是不妥当的。为克服 CI 随判断矩阵阶数 n 增大而显著变大的问题，我们引入随机一致性指标 RI 来对其进行修正，RI 定义为

$$RI = \frac{CI_1 + CI_2 + \cdots + CI_n}{n} \tag{2-12}$$

RI 值是用于消除由矩阵阶数影响所造成的判断矩阵不一致的修正系数。1～10 阶判断矩阵 RI 值见表 2-4。

表 2-4 **1～10 阶判断矩阵 RI 值**

阶数	1	2	3	4	5	6	7	8	9	10
RI	0.00	0.00	0.58	0.90	1.12	1.24	1.32	1.41	1.45	1.49

在通常情况下，对于 $n \geq 3$ 阶的判断矩阵，当 $CR \leq 0.1$ 时，就认为判断矩阵具有可接受的一致性。否则，说明判断矩阵偏离一致性程度过大，必须对判断矩阵进行必要的调整，使之具有满意的一致性为止。

AHP 中，对于所建立的每一判断矩阵都必须进行一致性比例检验。这一过程是保证最终评价结果正确的前提。

4）层次总排序。根据上一步计算所得的各层次间权重排序，自上到下依次进行计算可以得到某因素对应目标层的权重值，我们将这一步骤称为层次总排序。

（2）层次分析法优点。

1）系统性的分析方法。层次分析法把研究对象作为一个系统，按照分解、比较判断、综合的思维方式进行决策，成为继机理分析、统计分析之后发展起来的系统分析的

重要工具。系统的思想在于不割断各个因素对结果的影响，而层次分析法中每一层的权重设置最后都会直接或间接影响到结果，而且在每个层次中的每个因素对结果的影响程度都是量化的，非常清晰明确。这种方法尤其可用于对无结构特性的系统评价以及多目标、多准则、多时期等的系统评价。

2）简洁实用的决策方法。这种方法既不单纯追求高深数学，又不片面地注重行为、逻辑、推理，而是把定性方法与定量方法有机地结合起来，使复杂的系统分解，能将人们的思维过程数学化、系统化，便于人们接受，且能把多目标、多准则又难以全部量化处理的决策问题化为多层次单目标问题，通过两两比较确定同一层次元素相对上一层次元素的数量关系后，最后进行简单的数学运算。计算简便，并且所得结果简单明确，容易让决策者了解和掌握。

3）所需定量数据信息较少。层次分析法主要是从评价者对评价问题的本质、要素的理解出发，比一般的定量方法更讲求定性的分析和判断。由于层次分析法是一种模拟人们决策过程的思维方式的一种方法，层次分析法把判断各要素的相对重要性的步骤留给了大脑，只保留人脑对要素的印象，化为简单的权重进行计算。这种思想能处理许多用传统的最优化技术无法着手的实际问题。

（3）层次分析法缺点。

1）不能为决策提供新方法。层次分析法的作用是从备选方案中选择较优者。在应用层次分析法的时候，可能就会有这样一个情况，就是我们自身的创造能力不够，造成尽管在我们想出来的众多方案里选了一个最好的出来，但其效果仍然不够。而对于大部分决策者来说，如果一种分析工具能替我们分析出在我们已知的方案里的最优者，然后指出已知方案的不足，又或者甚至再提出改进方案的话，这种分析工具才是比较完美的。但显然，层次分析法还没能做到这点。

2）定量数据较少，定性成分多，不易令人信服。在如今对科学的方法的评价中，一般都认为一门科学需要比较严格的数学论证和完善的定量方法。但现实世界的问题和人脑考虑问题的过程很多时候并不是能简单地用数字来说明一切的。层次分析法是一种带有模拟人脑的决策方式的方法，因此必然带有较多的定性色彩。

3）指标过多时，数据统计量大，且权重难以确定。当我们希望能解决较普遍的问题时，指标的选取数量很可能也就随之增加。指标的增加就意味着我们要构造层次更深、数量更多、规模更庞大的判断矩阵。那么我们就需要对许多的指标进行两两比较的工作。由于一般情况下我们对层次分析法的两两比较是用 1 至 9 来说明其相对重要性，如果有越来越多的指标，我们对每两个指标之间的重要程度的判断可能就出现困难了，甚至会对层次单排序和总排序的一致性产生影响，使一致性检验不能通过。不能通过，就需要调整，在指标数量多的时候比较难调整过来。

4）特征值和特征向量的精确求法比较复杂。在求判断矩阵的特征值和特征向量时，所用的方法和我们多元统计所用的方法是一样的。在二阶、三阶的时候，我们还比较容易处理，但随着指标的增加，阶数也随之增加，在计算上也变得越来越困难。不过幸运的是这个缺点比较好解决，我们有三种比较常用的近似计算方法。第一种就是和法，第二种是幂法，还有一种常用方法是根法。

（4）模糊综合评判。模糊综合评价是通过构造等级模糊子集把反映被评事物的模糊指标进行量化即确定隶属度，然后利用模糊变换原理对各指标综合，一般需要按以下步骤进行。

首先，确定评价对象的因素论域

$$U=\{u_1,\ u_2,\ \cdots,\ u_p\} \tag{2-13}$$

也就是 p 个评价指标。

其次，确定评语等级论域

$$V=\{v_1,\ v_2,\ \cdots,\ v_m\} \tag{2-14}$$

即等级集合，每一个等级对应一个模糊子集。

再次，进行单因素评价，建立模糊关系矩阵 R。

在构造了等级模糊子集后，就要逐个对被评事物从每个因素 $u_i(i=1,\ 2,\ \cdots,\ p)$ 上进行量化，也就是确定从单因素来看被评事物对各等级模糊子集的隶属度，进而得到模糊关系矩阵

$$R=\begin{bmatrix} r_{11} & r_{12} & \cdots & r_{1m} \\ r_{21} & r_{22} & \cdots & r_{2m} \\ \cdots & \cdots & \cdots & \cdots \\ r_{p1} & r_{p2} & \cdots & r_{pm} \end{bmatrix}_{p\times m} \tag{2-15}$$

矩阵 R 中元素表示某个被评事物的因素对等级模糊子集的隶属度。然后，确定评价因素的模糊权向量 $A=(a_1,\ a_2,\ \cdots,\ a_p)$。

一般情况下，p 个评价因素对被评事物并非是同等重要的，各单方面因素的表现对总体表现的影响也是不同的，因此在合成之前要确定模糊权向量。

继续利用合适的合成算子将 A 与各被评事物的 R 合成得到各被评事物的模糊综合评价结果向量 B。

R 中不同的行反映了某个被评价事物从不同的单因素来看对各等级模糊子集的隶属程度。用模糊权向量 A 将不同的行进行综合就可得该被评事物从总体上来看对各等级模糊子集的隶属程度，即模糊综合评价结果向量 B。模糊综合评价的模型为

$$AR=(a_1,\ a_2,\ \cdots,\ a_p)\begin{bmatrix} r_{11} & r_{12} & \cdots & r_{1m} \\ r_{21} & r_{22} & \cdots & r_{2m} \\ \cdots & \cdots & \cdots & \cdots \\ r_{p1} & r_{p2} & \cdots & r_{pm} \end{bmatrix}=(b_1,\ b_2,\ \cdots,\ b_m)B \tag{2-16}$$

其中 b_j 是由 A 与 R 的第 j 列运算得到的，它表示被评事物从整体上看对 v_j 等级模糊子集的隶属程度。

最后对模糊综合评价结果向量进行检验并分析。

每一个被评事物的模糊综合评价结果都表现为一个模糊向量，这与其他方法中每一个被评事物得到一个综合评价值是不同的，它包含了更丰富的信息。如果要进行排序，可以采用最大隶属度原则、加权平均原则或模糊向量单值化方法对评价结果向量进行排序对比。

第三章   县域配电网建设成效后评价体系

由输电、变电、配电设备及相应的辅助系统组成的连接发电与用电终端的统一整体称为电网。其中，直接向最终用户供电的线路称为配电线路，由配电线路组成的网络叫配网，本书中配网指 10kV 及以下配电网。

配网项目存在数量金额复杂性、建设功能多样性、网络结构系统性、核算体系统一性等特点。配网项目的需求申报、建设管理、运维检修等工作由县域供电公司负责，即县域供电公司是配网投资管理最小单元。在充分考虑配网网络独特性与管理模式基础上，本章从县域角度评价整体投资效益性，开展县域供电公司投资管理的宏观分析，探索分析配网投资效益。通过总结、发现配电网建设中存在的问题，针对性提出改进意见，为新形势下配网投资决策与管理提供参考建议。

鉴于县域供电公司投资项目涉及投资目的多样，仅选取一部分投资项目或一类投资项目难以全面反映县公司的投资现状，本章以县域供电公司年度新增配网投资项目整体作为评价对象，对 10kV 及以下县域配网项目群开展后评价。

在对投资方案进行分析评价，比较投资项目的经济效益、运行水平时，单靠一个或几个指标是无法全面准确地反映出项目实际效果的，这就需要有一系列反映若干个方面的指标系列形成一个指标体系来完成。本章坚持"全面系统、重点突出、精简有效、客观真实、普遍适用"原则，开展宏观分析、经济效益、运行水平、建设管理和社会环境效益分析，建立多维效益、投资目标全覆盖的后评价指标体系，科学评价配电网投资效益。县域配电网建设成效后评价指标体系如图 3-1 所示。

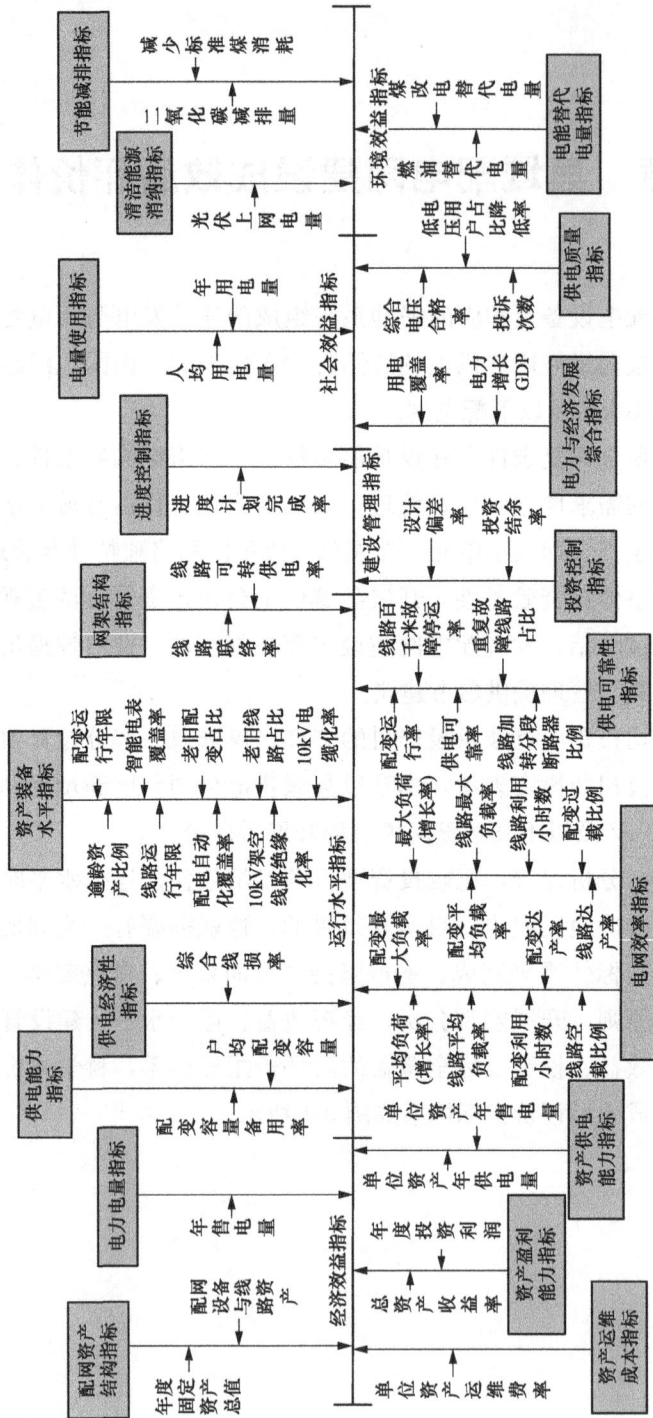

图 3-1　县域配电网建设成效后评价指标体系

第一节　县域配电网概况分析

县域配电网概况分析，主要是对所评价的县域配电网基本情况做简要说明及分析，包括县域经济社会概况、配电网概况、电力需求概况与配电网投资概况，便于后评价报告使用者能够迅速了解掌握县域发展的整体情况。

一、经济社会概况

对评价对象所在区域经济社会发展概况进行叙述和说明，简述区域地理位置、行政区划等；以评价期末为时点，介绍区域经济发展、产业分布、GDP 增速、单位 GDP 能耗、全社会用电量、人均用电量、人均 GDP、城镇化率等经济社会基本情况。

经济社会发展概况见表 3-1。

表 3-1　　　　　　　　　　　经 济 社 会 发 展 概 况

指标名称	20××年	...	平均增长率（%）
地区生产总值（亿元）			
其中：第一产业产值（亿元）			
第二产业产值（亿元）			
第三产业产值（亿元）			
单位 GDP 能耗（吨标准煤/万元）			
常住人口（万人）			
全社会用电量（亿 kWh）			
人均用电量（kWh/人）			
人均 GDP（元/人）			
城镇化率（%）			

二、配电网建设概况

对区域配电网总体建设情况进行叙述和说明。统计近几年数据，说明区域供区划分、负荷密度和用户结构等情况。统计项目所在区域 10kV 及以下配电网的变电容量、线路长度。分析评价期内区域电网规模变化趋势（变电站数量、变压器数量、变电容量、线路长度以及年均增长率等内容）。

供电区域概况见表 3-2、县域配电网 10kV 及以下变电规模统计见表 3-3、县域配电网 10kV 及以下线路规模统计见表 3-4。

表 3-2 供 电 区 域 概 况

县域	20××年	…
供电面积（km²）		
供电人口（万人）		
电力用户数（万户）		
负荷密度（MW/km²）		

表 3-3 县域配电网 10kV 及以下变电规模统计表

指标名称	20××年	…	平均增长率（%）
配变台数（台）			
配变容量（kVA）			

表 3-4 县域配电网 10kV 及以下线路规模统计表

指标名称		20××年	…	平均增长率（%）
线路条数（条）	架空线路			
	电缆线路			
	合计			
线路长度（km）	架空线路			
	电缆线路			
	合计			

三、电力需求概况

区域电力供需概况可以根据不同地区、国家或大区域来进行分析，本书针对区域电力需求概况主要考虑以县域为单位进行分析。电力需求也受到多种因素的影响，包括经济发展水平、人口增长和城市化水平、工业化程度、气候条件、能源政策和法规、社会因素等。县域电力需求概况情况见表 3-5。

表 3-5 县域电力需求概况情况表

指标名称	20××年	…	平均增长率（%）
全社会用电量（MWh）			
全社会平均负荷（MW）			
全社会最高负荷（MW）			
人均用电量（kWh/人）			
用电覆盖率（%）			

四、配电网投资概况

1. 县域配电网投资总体完成情况

简要评价对象 10kV 及以下县域配电网投资总体完成情况，分析其投资方向、投资强度及投资变化趋势。各区县配网年度完成投资情况见表 3-6，10kV 及以下配网投资总体完成情况见表 3-7。

表 3-6 各区县配网年度完成投资情况

区域划分	20××年		...	
	项目数（个）	完成投资（万元）	项目数（个）	完成投资（万元）
市辖				
××区				
××县				
...				
全市				

表 3-7 10kV 及以下配网投资总体完成情况

	20××年	...	合计
计划投资（万元）			
实际完成投资（万元）			
投资完成率（%）			
完成投资占比（%）			
固定资产完成投资（万元）			

2. 县域配电网投资分配情况

简要评价对象 10kV 及以下县域配电网投资分配情况，分析其各区县年度分配投资情况。县域配网各区县年度分配投资情况见表 3-8。

表 3-8 县域配网各区县年度分配投资情况

区域划分	20××年		...	
	实际投资（万元）	投资占比（%）	实际投资（万元）	投资占比（%）
市辖				
××区				
××县				
...				
全市				

3. 县域配电网各类项目属性配电网投资概况

简述评价对象各类项目属性年度完成投资额（决算投资），分析各类项目属性配电网项目投资分布及投资变化趋势。重点分析投资占比持续较高的项目属性类型持续投资的原因。各类项目属性配电网项目年度完成投资情况见表 3-9。

表 3-9 各类项目属性配电网项目年度完成投资情况

电压等级	项目属性	20××年		...	
		项目数（个）	完成投资（万元）	项目数（个）	完成投资（万元）
10kV 及以下	网架结构加强				
	解决重过载				
	消除安全隐患				
	满足新增负荷需要				
	变电站配套送出				
	解决低电压台区				
	电源送出				
	电动汽车充换电设施				
	配电自动化				
	业扩配套				
	新能源并网				
	美丽乡村改造				
	老旧小区改造				
	农网升级改造				
	机井通电				
	煤改电				
	故障治理				
	灾后重建				
	...				
	合计				

注 项目属性可根据实际情况调整，无该类型项目可删除。

4. 县域配电网单位投资建设规模概况

统计评价期内变电站、变压器和线路实际建设规模，计算单位投资新增变电容量和线路长度，分析单位投资效率。10kV 及以下配电网工程需细化到区县。

$$单位投资新增变电容量 = \frac{评价年变电容量 - 前一年变电容量}{评价年完成投资} \times 100\%$$

$$单位投资新增线路容量 = \frac{评价年线路长度 - 前一年线路长度}{评价年完成投资} \times 100\%$$

各区县配电网建设规模见表 3-10。10kV 及以下各区县配电网单位投资新增规模见

表 3-11。

表 3-10　　　　　　　　　　　　各区县配电网建设规模

区域	建设规模	20××年	…	20××年	合计
市辖	配电变压器台数（台）				
	配电变压器容量（kVA）				
	线路长度（km）				
××区（县）	配电变压器台数（台）				
	配电变压器容量（kVA）				
	线路长度（km）				
全市	配电变压器台数（台）				
	配电变压器容量（kVA）				
	线路长度（km）				

表 3-11　　　　　　　　10kV 及以下各区县配电网单位投资新增规模

区域	指标	20××年	…	20××年	合计
市辖	单位投资新增配电变压器容量（kVA/万元）				
	单位投资新增线路长度（km/万元）				
××区（县）	单位投资新增配电变压器容量（kVA/万元）				
	单位投资新增线路长度（km/万元）				
全市	单位投资新增配电变压器容量（kVA/万元）				
	单位投资新增线路长度（km/万元）				

第二节　县域配电网经济效益评价

一、县域配电网经济收益测算

电力系统是一个复杂的网架系统，包括发、输、配、用等环节，其中输、配环节是一般意义的电网系统。电网系统由复杂的拓扑结构构成，不同电压等级的设备、线路等资产在输电、配电环节发挥着不同的作用。县域 10kV 及以下配电网工程项目需依靠上级电网支撑运行，其复杂性与综合性等特点以及当前电网公司财务统一结算的管理实际，配电网工程财务收益尚不能独立核算，应采用适当方法从全局售电收入中进行科学剥离，合理计算归属于某年度配电网工程增量投资所带来的收益。

为合理分摊收益，按照资产等效益原则，在计算县域配电网投资收益时，根据不同电压等级的传导电量将上级电网资产向下级电网进行分摊，根据所分摊的资产以及原有资产进行收入分配。将县域供电公司售电收入按照不同电压等级的资产占比进行比例分摊，获得县域公司 10kV 及以下配电网建设实际收益，使投资效益的计算与分析更加符合实际情况。

（1）根据各市级电网的传导电量占比，首先将省级电网所管辖的资产总额分配至市级电网，其中，省级电网一般管辖 220kV 及以上电压等级资产

$$M_{\mathrm{w,j}} = \frac{U_{\mathrm{w,j}}}{U_{\mathrm{w}}} \times W \tag{3-1}$$

式中，$M_{\mathrm{w,j}}$ 表示 j 市级电网从省级电网资产分配得到的资产份额；U_{w} 表示省级电网向各市级电网传导的电量；$U_{\mathrm{w,j}}$ 表示省级电网向第 j 个市级电网传导的电量；W 表示省级电网所管辖的不同电压等级资产总额。

（2）根据各县级电网的传导电量占比，然后将市级电网所管辖的资产总额以及分配得到的省级电网资产份额，分配至县级电网，其中，市级电网一般管辖 35kV 及 110kV 电压等级资产。建立县级电网资产分配模型

$$N_{\mathrm{w,j,l}} = \frac{O_{\mathrm{w,j,l}}}{O_{\mathrm{w,j}}} \times \left(Z_{\mathrm{w,j}} + \frac{U_{\mathrm{w,j}}}{U_{\mathrm{w}}} \times W \right) \tag{3-2}$$

式中，$N_{\mathrm{w,j,l}}$ 表示 l 县级电网从上级电网（包括省级电网与市级电网）分配得到的资产份额；$O_{\mathrm{w,j}}$ 表示第 j 个市级电网向各县级电网传导的电量；$O_{\mathrm{w,j,l}}$ 表示 j 市级电网向第 l 个县级电网传导的电量；$Z_{\mathrm{w,j}}$ 表示 j 市级电网所管辖的不同电压等级资产总额。

（3）根据县级电网从上级电网分配得到的资产份额，考虑电网资产对盈利能力的贡献，设定县域配电网收入分摊系数

$$\alpha_{\mathrm{w,j,l}} = \frac{T_{\mathrm{w,j,l}}}{T_{\mathrm{w,j,l}} + \frac{O_{\mathrm{w,j,l}}}{O_{\mathrm{w,j}}} \times \left(Z_{\mathrm{w,j}} + \frac{U_{\mathrm{w,j}}}{U_{\mathrm{w}}} \times W \right)} \tag{3-3}$$

式中，$\alpha_{\mathrm{w,j,l}}$ 表示表示市级电网 j 中第 l 个县域配电网的收入分摊系数；$T_{\mathrm{w,j,l}}$ 表示 l 县级电网所管辖的资产总额，其中，县级电网一般管辖 10kV 及以下电压等级资产。

将县域配电网售电收入乘以收入分摊系数，得出实际售电收入

$$B_{\mathrm{w,j,l}} = Q_{\mathrm{w,j,l}} \times P \times \alpha_{\mathrm{w,j,l}} \tag{3-4}$$

式中，$B_{\mathrm{w,j,l}}$ 表示 l 县域配电网经过收入分摊换算后的实际售电收入；$B_{\mathrm{w,j,l}}$ 表示 l 县域配电网的售电量；P 表示输配电价。

通过上述方法可以将县域配网实际收益从全局售电收入中进行科学剥离，合理计算归属于某年度配电网工程增量投资所带来的收益。

二、指标体系构建

根据配网工程的行业特点，从电力电量、配网资产结构、资产运维成本、资产盈利能力与资产供电能力多个方面构建县域配网经济效益后评价指标体系，见表 3-12。

表 3-12　　　　　　　　　　县域配电网经济效益后评价指标体系

一级维度	二级维度	指标名称
经济效益指标	电力电量指标	年售电量
	配网资产结构指标	年度固定资产总值
		配网设备与线路资产
	资产运维成本指标	单位资产年运维费率
	资产盈利能力指标	年度投资利润
		总资产收益率
	资产供电能力指标	单位资产年供电量
		单位资产年售电量

1. 电力电量指标

年售电量是衡量县域配网投资成效的重要指标之一。统计区域配网年售电量，研判全市及各区县指标近 5 年变化趋势，对比各区县指标差异，分析指标较高或较低原因，评价不同区县投资建设成效好坏。

（1）指标定义。年售电量指每年电力企业销售给用户的电量以及供给本企业非电力生产、基本建设、大修和非生产部门等所使用的电量。

××地区配网年售电量见表 3-13。

表 3-13　　　　　　　　　　××地区配网年售电量表

序号	区域	年售电量(kWh)						
		20××年	...	...	...	20××年	平均值	平均增长率（%）
1	市辖							
2	××区							
3	××县							
...	...							
...	...							
...	全市							

（2）指标分析。

从市级指标变化趋势分析。分析近 5 年××市年售电量变化趋势，阐述指标由最小（大）值到最大（小）值的变化过程及变化值。从指标整体水平评价××市配网年售电量指标高低。

从各区县指标变化情况分析。差异化分析近 5 年各区县年售电量变化趋势，具体阐述哪些区县该指标呈逐年上升（下降）趋势或波动上升（下降）趋势，说明指标变化值或变化区间。

从各区县指标对标情况分析。对比各区县年售电量与全市平均水平，具体阐述哪些区县该指标高于（低于）全市平均水平。从对标结果定位重点评价区县，分析配网投资在售电量成效。

2. 配网资产结构指标

（1）年度固定资产总值。年度固定资产总值是衡量县域配网资产水平的重要指标之一。统计区域配网年度固定资产总值，研判全市及各区县指标近5年变化趋势，对比各区县指标差异，分析指标较高或较低原因，评价不同区县投资建设成效好坏。

1）指标定义。年度固定资产总值是指每年购进固定资产所支付的资金价值。

2）指标公式为

$$年度固定资产总值＝年度固定资产原值－累计计折$$

××地区配网年度固定资产总值见表3-14。

表3-14　　　　　　　　　　××地区配网年度固定资产总值表

序号	区域	年度固定资产总值（万元）						
		20××年	…	…	…	20××年	平均值	平均增长率（%）
1	市辖							
2	××区							
3	××县							
…	…							
…	…							
…	全市							

3）指标分析。

从市级指标变化趋势分析。分析近5年××市配网整体年度固定资产总值变化趋势，阐述指标由最小（大）值到最大（小）值的变化过程及变化值。从指标整体水平评价××市配网年度固定资产总值指标高低。

从各区县指标变化情况分析。差异化分析近5年各区县配网年度固定资产总值变化趋势，具体阐述哪些区县该指标呈逐年上升（下降）趋势或波动上升（下降）趋势，说明指标变化值或变化区间。

从各区县指标对标情况分析。对比各区县配网年度固定资产总值与全市平均水平，具体阐述哪些区县该指标高于（低于）全市平均水平。从对标结果定位重点评价区县，分析配网投资建设成效。

（2）配网设备与线路资产。配网设备与线路资产是衡量县域配网资产水平的重要指标之一。统计区域配网设备与线路资产，研判全市及各区县指标近5年变化趋势，对比各区县指标差异，分析指标较高或较低原因，评价不同区县投资建设成效好坏。

1）指标定义。配网设备与线路资产包括变压器、高压柜、低压柜、母线桥、直流屏、模拟屏、高压电缆、架空线路等。

2）指标公式为

$$配网设备与线路资产＝配网设备资产＋配网线路资产$$

××地区配网设备与线路资产见表 3-15。

表 3-15　　　　　　　　　　××地区配网设备与线路资产表

序号	区域	配网设备与线路资产（万元）						
		20××年	…	…	…	20××年	平均值	平均增长率（%）
1	市辖							
2	××区							
3	××县							
…	…							
…	…							
…	全市							

3）指标分析。

从市级指标变化趋势分析。分析近 5 年××市配网设备与线路资产变化趋势，阐述指标由最小（大）值到最大（小）值的变化过程及变化值。从指标整体水平评价××市配网设备与线路资产指标高低。

从各区县指标变化情况分析。差异化分析近 5 年各区县配网设备与线路资产变化趋势，具体阐述哪些区县该指标呈逐年上升（下降）趋势或波动上升（下降）趋势，说明指标变化值或变化区间。

从各区县指标对标情况分析。对比各区县配网设备与线路资产与全市平均水平，具体阐述哪些区县该指标高于（低于）全市平均水平。从对标结果定位重点评价区县，分析配网投资建设成效。

3．资产运维成本指标

单位资产运维费率是衡量县域配网运维管理水平的重要指标之一。统计区域配网单位资产运维费率，研判全市及各区县指标近 5 年变化趋势，对比各区县指标差异，分析指标较高或较低原因，评价不同区县投资建设成效好坏。

（1）指标定义。单位资产年运维费率反映县公司年运维费占年度固定资产总值的比率。单位资产运维费率可以体现县域的配网运维管理水平、安全管理水平与监测设备水平的高低。

（2）指标公式为

$$单位资产运维费率＝年运维费／年度固定资产总值$$

××地区配网单位资产运维费率见表 3-16。

表 3-16　　　　　　　　　××地区配网单位资产运维费率表　　　　　　　（单位：%）

序号	区域	单位资产年运维费率						
		20××年	…	…	…	20××年	平均值	平均增长率
1	市辖							
2	××区							
3	××县							
…	…							
…	…							
…	全市							

（3）指标分析。

从市级指标变化趋势分析。分析近 5 年××市配网整体单位资产运维费率变化趋势，阐述指标由最小（大）值到最大（小）值的变化过程及变化值。从指标整体水平评价××市配网单位资产运维费率指标高低。

从各区县指标变化情况分析。差异化分析近 5 年各区县配网单位资产运维费率变化趋势，具体阐述哪些区县该指标呈逐年上升（下降）趋势或波动上升（下降）趋势，说明指标变化值或变化区间。

从各区县指标对标情况分析。对比各区县配网单位资产运维费率与全市平均水平，具体阐述哪些区县该指标高于（低于）全市平均水平。从对标结果定位重点评价区县，分析配网在运维管理方面建设成效。

4. 资产盈利能力指标

（1）年度投资利润。配网年度投资利润是衡量盈利能力及经营状况的重要指标之一。统计区域配网年度投资利润，研判全市及各区县指标近 5 年变化趋势，对比各区县指标差异，分析指标较高或较低原因，评价不同区县投资建设成效好坏。

1）指标定义。年度投资利润是指县域每年贡献的售电收益扣除运营成本后余额，反映县域配网盈利能力。

2）指标公式为

$$年度投资利润 ＝ 售电收益 － 运营成本$$

3）评价标准。若投资净利润大于 0 且越大，表明配网工程盈利能力越强。

××地区配网年度投资利润见表 3-17。

表 3-17　　　　　　　　　　××地区配网年度投资利润表

序号	区域	年度投资利润（万元）						
		20××年	…	…	…	20××年	平均值	平均增长率（%）
1	市辖							
2	××区							
3	××县							

序号	区域	年度投资利润（万元）						
		20××年	...	...	...	20××年	平均值	平均增长率（%）
...	...							
...	...							
...	全市							

4）指标分析。

从市级指标变化趋势分析。分析近 5 年××市配网整体年度投资利润变化趋势，阐述指标由最小（大）值到最大（小）值的变化过程及变化值。从指标整体水平评价××市配网年度投资利润指标高低。

从各区县指标变化情况分析。差异化分析近 5 年各区县配网年度投资利润变化趋势，具体阐述哪些区县该指标呈逐年上升（下降）趋势或波动上升（下降）趋势，说明指标变化值或变化区间。

从各区县指标对标情况分析。对比各区县配网年度投资利润与全市平均水平，具体阐述哪些区县该指标高于（低于）全市平均水平。从对标结果定位重点评价区县，分析配网投资在网架结构方面建设成效。

（2）总资产收益率。配网总资产收益率是衡量盈利能力及经营状况的重要指标之一。统计区域配网总资产收益率，研判全市及各区县指标近 5 年变化趋势，对比各区县指标差异，分析指标较高或较低原因，评价不同区县投资建设成效好坏。

1）指标定义。总资产收益率是指县域配网年营业利润总额占年度固定资产总值的百分比。总资产收益率指标集中体现了资产运用效率和资金利用效果之间的关系。在企业资产总额一定的情况下，利用总资产收益率指标可以分析县域电网公司盈利的稳定性和持久性，总资产收益率指标还可反映县域公司综合经营管理水平的高低。

2）指标公式为

$$总资产收益率 = 年度投资利润 / 固定资产总值$$

××地区配网总资产收益率见表 3-18。

表 3-18 　　　　　　　　　　　　　××地区配网总资产收益率表　　　　　　　　　（单位：%）

序号	区域	总资产收益率						
		20××年	...	...	...	20××年	平均值	平均增长率
1	市辖							
2	××区							
3	××县							
...	...							
...	...							
...	全市							

3）指标分析。

从市级指标变化趋势分析。分析近5年××市配网整体总资产收益率变化趋势，阐述指标由最小（大）值到最大（小）值的变化过程及变化值。从指标整体水平评价××市配网总资产收益率指标高低。

从各区县指标变化情况分析。差异化分析近5年各区县配网总资产收益率变化趋势，具体阐述哪些区县该指标呈逐年上升（下降）趋势或波动上升（下降）趋势，说明指标变化值或变化区间。

从各区县指标对标情况分析。对比各区县配网总资产收益率与全市平均水平，具体阐述哪些区县该指标高于（低于）全市平均水平。从对标结果定位重点评价区县，分析配网投资建设成效。

5. **资产供电能力指标**

（1）单位资产年供电量。单位资产年供电量是衡量配网资产供电能力的重要指标之一。统计区域配网单位资产年供电量，研判全市及各区县指标近5年变化趋势，对比各区县指标差异，分析指标较高或较低原因，评价不同区县投资建设成效好坏。

1）指标定义。单位资产年供电量是指单位年度固定资产所产生的供电量，表明资产的供电量效果。

2）指标公式为

$$单位资产年供电量 = \frac{年供电量}{年度固定资产总值}$$

××地区配网单位资产年供电量见表3-19。

表3-19 　　　　　　　　××地区配网单位资产年供电量表

序号	区域	单位资产年供电量（kWh/元）						
		20××年	…	…	…	20××年	平均值	平均增长率（%）
1	市辖							
2	××区							
3	××县							
…	…							
…	…							
…	全市							

3）指标分析。

从市级指标变化趋势分析。分析近5年××市配网整体单位资产年供电量变化趋势，阐述指标由最小（大）值到最大（小）值的变化过程及变化值。从指标整体水平评价××市配网单位资产年供电量指标高低。

从各区县指标变化情况分析。差异化分析近5年各区县配网单位资产年供电量变化趋势，具体阐述哪些区县该指标呈逐年上升（下降）趋势或波动上升（下降）趋势，说明指标变化值或变化区间。

从各区县指标对标情况分析。对比各区县配网单位资产年供电量与全市平均水平，具体阐述哪些区县该指标高于（低于）全市平均水平。从对标结果定位重点评价区县，分析配网投资在供电能力方面建设成效。

（2）单位资产年售电量。配网单位资产年售电量是资产售电能力及经营状况的重要指标之一。统计区域配网单位资产年售电量，研判全市及各区县指标近5年变化趋势，对比各区县指标差异，分析指标较高或较低原因，评价不同区县投资建设成效好坏。

1）指标定义。配网单位资产年售电量是指单位年度固定资产所产生的售电量，表明资产的售电量效果。

2）指标公式为

$$单位资产年售电量 = \frac{年售电量}{年度固定资产总值}$$

××地区配网单位资产年售电量见表3-20。

表3-20 　　　　　　　　　××地区配网单位资产年售电量表

序号	区域	单位资产年售电量（kWh/元）						
		20××年	…	…	…	20××年	平均值	平均增长率（％）
1	市辖							
2	××区							
3	××县							
…	…							
…	…							
…	全市							

3）指标分析。

从市级指标变化趋势分析。分析近5年××市配网整体单位资产年售电量变化趋势，阐述指标由最小（大）值到最大（小）值的变化过程及变化值。从指标整体水平评价××市配网单位资产年售电量指标高低。

从各区县指标变化情况分析。差异化分析近5年各区县配网单位资产年售电量变化趋势，具体阐述哪些区县该指标呈逐年上升（下降）趋势或波动上升（下降）趋势，说明指标变化值或变化区间。

从各区县指标对标情况分析。对比各区县配网单位资产年售电量与全市平均水平，具体阐述哪些区县该指标高于（低于）全市平均水平。从对标结果定位重点评价区县，分析配网投资在售电能力方面建设成效。

第三节　县域配电网运行水平评价

根据配网工程的行业特点，从供电能力、供电经济性、资产装备水平、电网效率、网架结构与供电可靠性多个方面构建县域配网运行水平后评价指标体系，见表 3-21。

表 3-21　　　　　　　　　　　县域配电网运行水平后评价指标体系

一级维度	二级维度	指标名称
运行水平指标	供电能力指标	户均配变容量
		配变容量备用率
	供电经济性指标	综合线损率
	资产装备水平指标	逾龄资产比例
		线路运行年限
		配变运行年限
		智能电表覆盖率
		配电自动化覆盖率
		10kV 线路电缆化率
		10kV 架空线路绝缘化率
		老旧配变占比
		老旧线路占比
	电网效率指标	平均负荷（增长率）
		全域配变平均负载率
		全域线路平均负载率
		最大负荷（增长率）
		全域配变最大负载率
		全域线路最大负载率
		配变利用小时数
		线路利用小时数
		配变空载（轻载、重载、过载）比例
		线路空载（轻载、重载、过载）比例
		线路达产率
		配变达产率
	网架结构指标	线路联络率
		线路可转供电率
	供电可靠性指标	供电可靠率（ASAI-1、ASAI-2、ASAI-3）
		配变运行率
		线路百千米故障停运率
		重复故障线路占比
		线路加装分段断路器比例

一、供电能力指标

1. 户均配变容量

户均配变容量是衡量区域配电网基础建设以及供电能力水平的重要指标之一。统计区域配网户均配变容量,研判全市及各区县指标近5年变化趋势,对比各区县指标差异,分析指标较高或较低原因,评价不同区县投资建设成效好坏。

(1)指标定义。户均配变容量指区域用户对配电变压器的平均使用容量,反映某一区域电网配变容量对于负荷的供电能力。

(2)指标公式为

$$户均配变容量 = \frac{配变总容量}{用户数}$$

××地区配网户均配变容量见表3-22。

表3-22　　　　　　　　××地区配网户均配变容量表

序号	区域	户均配变容量(kVA/户)						
		20××年	…	…	…	20××年	平均值	平均增长率(%)
1	市辖							
2	××区							
3	××县							
…	…							
…	…							
…	全市							

(3)指标分析。

从市级指标变化趋势分析。分析近5年××市配网整体户均配变容量变化趋势,阐述指标由最小(大)值到最大(小)值的变化过程及变化值。从指标整体水平评价××市配网户均配变容量指标高低。

从各区县指标变化情况分析。差异化分析近5年各区县配网户均配变容量变化趋势,具体阐述哪些区县该指标呈逐年上升(下降)趋势或波动上升(下降)趋势,说明指标变化值或变化区间。

从各区县指标对标情况分析。对比各区县配网户均配变容量与全市平均水平,具体阐述哪些区县该指标高于(低于)全市平均水平。从对标结果定位重点评价区县,分析配网投资在供电能力方面建设成效。

2. 配变容量备用率

配变容量备用率是衡量区域电力系统的容量弹性以及供电能力的重要指标之一。统计区域配网配变容量备用率,研判全市及各区县指标近5年变化趋势,对比各区县指标差异，分析指标较高或较低原因，评价不同区县投资建设成效好坏。

（1）指标定义。配变容量备用率指可用容量与最大负荷的差值占最大负荷的百分比。该指标为保证电力系统频率符合标准而增设的设备容量。备用容量不足，供电可靠性下降；备用容量设置过大电源建设的投资费用增加。

（2）指标公式为

$$配变容量备用率 = \frac{可用容量 - 最大负荷}{最大负荷} \times 100\%$$

××地区配网配变容量备用率见表 3-23。

表 3-23　　　　　　　　　　　××地区配网配变容量备用率表　　　　　　　（单位：%）

序号	区域	配变容量备用率						
		20××年	…	…	…	20××年	平均值	平均增长率
1	市辖							
2	××区							
3	××县							
…	…							
…	…							
…	全市							

（3）指标分析。

从市级指标变化趋势分析。分析近 5 年××市配网配变容量备用率变化趋势，阐述指标由最小（大）值到最大（小）值的变化过程及变化值。从指标整体水平评价××市配网配变容量备用率指标高低。

从各区县指标变化情况分析。差异化分析近 5 年各区县配网配变容量备用率变化趋势，具体阐述哪些区县该指标呈逐年上升（下降）趋势或波动上升（下降）趋势，说明指标变化值或变化区间。

从各区县指标对标情况分析。对比各区县配网配变容量备用率与全市平均水平，具体阐述哪些区县该指标高于（低于）全市平均水平。从对标结果定位重点评价区县，分析配网投资在供电能力方面建设成效。

二、供电经济性指标

综合线损率是衡量区域供电单位管理水平以及供电经济性的重要指标。统计区域配网综合线损率，研判全市及各区县指标近 5 年变化趋势，对比各区县指标差异，分析指标较高或较低原因，评价不同区县投资建设成效好坏。

（1）指标定义。综合线损率指总供电量与总售电量的差值占总供电量的百分比，即电力网络中损耗的电能占向电力网络供应电能的百分数，其反映了技术线损和管理线损总体情况。

（2）指标公式为

$$综合线损率 = \frac{总供电量 - 总售电量}{总供电量} \times 100\%$$

××地区配网综合线损率见表 3-24。

表 3-24　　××地区配网综合线损率表　　（单位：%）

序号	区域	综合线损率						
		20××年	…	…	…	20××年	平均值	平均增长率
1	市辖							
2	××区							
3	××县							
…	…							
…	…							
…	全市							

（3）指标分析。

从市级指标变化趋势分析。分析近 5 年××市配网整体综合线损率变化趋势，阐述指标由最小（大）值到最大（小）值的变化过程及变化值。从指标整体水平评价××市配网综合线损率指标高低。

从各区县指标变化情况分析。差异化分析近 5 年各区县配网综合线损率变化趋势，具体阐述哪些区县该指标呈逐年上升（下降）趋势或波动上升（下降）趋势，说明指标变化值或变化区间。

从各区县指标对标情况分析。对比各区县配网综合线损率与全市平均水平，具体阐述哪些区县该指标高于（低于）全市平均水平。从对标结果定位重点评价区县，分析配网投资在供电经济性方面建设成效。

三、资产装备水平指标

1. 逾龄资产比例

逾龄资产比例是衡量区域资产装备水平的重要指标之一。统计区域配网逾龄资产比例，研判全市及各区县指标近 5 年变化趋势，对比各区县指标差异，分析指标较高或较低原因，评价不同区县投资建设成效好坏。

（1）指标定义。逾龄资产是指正常使用的固定资产，在完成其正常使用年限后，根据电网安全生产的需要，仍需继续使用的资产。逾龄资产比例指区域电网逾龄资产占固定资产比例情况。

（2）指标公式为

$$逾龄资产比例 = \frac{逾龄资产}{固定资产} \times 100\%$$

××地区配网逾龄资产比例如表 3-25。

表 3-25 　　　　　　　　　××地区配网逾龄资产比例表　　　　　　（单位：%）

序号	区域	逾龄资产比例						
		20××年	⋯	⋯	⋯	20××年	平均值	平均增长率
1	市辖							
2	××区							
3	××县							
⋯	⋯							
⋯	⋯							
⋯	全市							

（3）指标分析。

从市级指标变化趋势分析。分析近 5 年××市配网整体逾龄资产比例变化趋势，阐述指标由最小（大）值到最大（小）值的变化过程及变化值。从指标整体水平评价××市配网逾龄资产比例指标高低。

从各区县指标变化情况分析。差异化分析近 5 年各区县配网逾龄资产比例变化趋势，具体阐述哪些区县该指标呈逐年上升（下降）趋势或波动上升（下降）趋势，说明指标变化值或变化区间。

从各区县指标对标情况分析。对比各区县配网逾龄资产比例与全市平均水平，具体阐述哪些区县该指标高于（低于）全市平均水平。从对标结果定位重点评价区县，分析配网投资在资产装备水平方面建设成效。

2. 线路运行年限

线路运行年限是衡量区域配网线路资产寿命以及资产装备水平的重要指标之一。统计区域配网线路运行年限，研判全市及各区县指标近 5 年变化趋势，对比各区县指标差异，分析指标较高或较低原因，评价不同区县投资建设成效好坏。

（1）指标定义。线路运行年限表示线路自投运年至统计年的运行时间。线路按长度占比统计，反映配网线路资产年限。该指标按 0~5 年、5~10 年、15~20 年和 20 年以上五个区段分别统计。

（2）指标公式为

$$线路运行年限 = 统计时间 - 线路投运时间$$

××地区配网线路运行年限见表 3-26。

表 3-26　　　　　　　　　　　　××地区配网线路运行年限表

序号	区域	线路运行年限占比（%）					
		20××年					
		0～5年	5～10年	10～15年	15～20年	20年以上	平均运行年限（年）
1	市辖						
2	××区						
3	××县						
…	…						
…	…						
…	全市						

（3）指标分析。

从市级指标变化趋势分析。分析近 5 年××市配网整体线路运行年限占比变化趋势，阐述指标由最小（大）值到最大（小）值的变化过程及变化值。从指标整体水平评价××市配网线路运行年限指标高低。

从各区县指标变化情况分析。差异化分析近 5 年各区县配网线路运行年限占比变化趋势，具体阐述哪些区县该指标呈逐年上升（下降）趋势或波动上升（下降）趋势，说明指标变化值或变化区间。

从各区县指标对标情况分析。对比各区县配网线路运行年限占比与全市平均水平，具体阐述哪些区县该指标高于（低于）全市平均水平。从对标结果定位重点评价区县，分析配网投资在资产装备水平方面建设成效。

3. 配变运行年限

配变运行年限是衡量区域电网配变资产寿命以及资产装备水平的重要指标之一。统计区域配变运行年限，研判全市及各区县指标近 5 年变化趋势，对比各区县指标差异，分析指标较高或较低原因，评价不同区县投资建设成效好坏。

（1）指标定义。配变运行年限表示设备自投运年至统计年的运行时间，反映电网的配变资产年限。该指标按 0～5 年、5～10 年、10～15 年、15～20 年和 20 年以上五个区段分别统计。

（2）指标公式为

$$配变运行年限＝统计时间－配变投运时间$$

××地区配网配变运行年限见表 3-27。

表 3-27　　　　　　　　　　　　××地区配变运行年限表

序号	区域	配变运行年限占比（%）					
		20××年					
		0～5年	5～10年	10～15年	15～20年	20年以上	平均运行年限（年）
1	市辖						

续表

序号	区域	配变运行年限占比（%）					
		20××年					
		0～5年	5～10年	10～15年	15～20年	20年以上	平均运行年限（年）
2	××区						
3	××县						
…	…						
…	…						
…	全市						

（3）指标分析。

从市级指标变化趋势分析。分析近5年××市配网整体配变运行年限占比变化趋势，阐述指标由最小（大）值到最大（小）值的变化过程及变化值。从指标整体水平评价××市配网设备运行年限指标高低。

从各区县指标变化情况分析。差异化分析近5年各区县配变运行年限占比变化趋势，具体阐述哪些区县该指标呈逐年上升（下降）趋势或波动上升（下降）趋势，说明指标变化值或变化区间。

从各区县指标对标情况分析。对比各区县配变运行年限与全市平均水平，具体阐述哪些区县该指标高于（低于）全市平均水平。从对标结果定位重点评价区县，分析配网投资在资产装备水平方面建设成效。

4. 智能电表覆盖率

智能电表覆盖率是衡量区域电网智能电表覆盖情况以及资产装备水平的重要指标之一。统计区域配网智能电表覆盖率，研判全市及各区县指标近5年变化趋势，对比各区县指标差异，分析指标较高或较低原因，评价不同区县投资建设成效好坏。

（1）指标定义。智能电表覆盖率指智能电表数占全部电表总数的百分比，反映该地区智能电表覆盖情况。智能电表是智能电网（特别是智能配电网）数据采集的基本设备之一，承担着原始电能数据采集、计量和传输的任务，是实现信息集成、分析优化和信息展现的基础。

（2）指标公式为

$$智能电表覆盖率 = \frac{智能电表数}{总电表数} \times 100\%$$

××地区配网智能电表覆盖率见表3-28。

表3-28　　　　　　　××地区配网智能电表覆盖率表　　　　（单位：%）

序号	区域	智能电表覆盖率						
		20××年	…	…	…	20××年	平均值	平均增长率
1	市辖							
2	××区							

序号	区域	智能电表覆盖率						
		20××年	…	…	…	20××年	平均值	平均增长率
3	××县							
…	…							
…	…							
…	全市							

（3）指标分析。

从市级指标变化趋势分析。分析近 5 年××市配网整体智能电表覆盖率变化趋势，阐述指标由最小（大）值到最大（小）值的变化过程及变化值。从指标整体水平评价××市配网智能电表覆盖率指标高低。

从各区县指标变化情况分析。差异化分析近 5 年各区县配网智能电表覆盖率变化趋势，具体阐述哪些区县该指标呈逐年上升（下降）趋势或波动上升（下降）趋势，说明指标变化值或变化区间。

从各区县指标对标情况分析。对比各区县配网智能电表覆盖率与全市平均水平，具体阐述哪些区县该指标高于（低于）全市平均水平。从对标结果定位重点评价区县，分析配网投资在资产装备水平方面建设成效。

5. 配电自动化覆盖率

配电自动化覆盖率是衡量区域配电自动化设备安装、应用和运行以及资产装备水平的重要指标之一。统计区域配电自动化覆盖率，研判全市及各区县指标近 5 年变化趋势，对比各区县指标差异，分析指标较高或较低原因，评价不同区县投资建设成效好坏。

（1）指标定义。配电自动化覆盖率指地区公用电网中实现配电自动化区域 10kV 线路的比例。

（2）指标公式为

$$配电自动化覆盖率 = \frac{实现配电自动化区域线路条数}{总线路条数} \times 100\%$$

××地区配网配电自动化覆盖率见表 3-29。

表 3-29 　　　　　　　　××地区配网配电自动化覆盖率表 　　　　　　　　（单位：%）

序号	区域	配电自动化覆盖率						
		20××年	…	…	…	20××年	平均值	平均增长率
1	市辖							
2	××区							
3	××县							
…	…							
…	…							
…	全市							

（3）指标分析。

从市级指标变化趋势分析。分析近5年××市配网整体配电自动化覆盖率变化趋势，阐述指标由最小（大）值到最大（小）值的变化过程及变化值。从指标整体水平评价××市配网配电自动化覆盖率指标高低。

从各区县指标变化情况分析。差异化分析近5年各区县配网配电自动化覆盖率变化趋势，具体阐述哪些区县该指标呈逐年上升（下降）趋势或波动上升（下降）趋势，说明指标变化值或变化区间。

从各区县指标对标情况分析。对比各区县配网配电自动化覆盖率与全市平均水平，具体阐述哪些区县该指标高于（低于）全市平均水平。从对标结果定位重点评价区县，分析配网投资在资产装备水平方面建设成效。

6. 10kV线路电缆化率

10kV线路电缆化率是衡量某一区域资产装备水平的重要指标之一。统计区域配网10kV线路电缆化率，研判全市及各区县指标近5年变化趋势，对比各区县指标差异，分析指标较高或较低原因，评价不同区县投资建设成效好坏。

（1）指标定义。10kV线路电缆化率指地区10kV电缆长度占线路总长度的比例。电缆线路由导线、绝缘层、保护层等构成，其造价比架空线路高，但其不用架设杆塔，占地少，供电可靠，极少受外力破坏，对人身安全。

（2）指标公式为

$$10kV \text{电缆化率} = \frac{\text{电缆长度}}{\text{线路总长度}} \times 100\%$$

××地区配网10kV线路电缆化率见表3-30。

表3-30　　　　　　　　　　××地区配网10kV线路电缆化率表　　　　　　　（单位：%）

序号	区域	10kV线路电缆化率						
		20××年	…	…	…	20××年	平均值	平均增长率
1	市辖							
2	××区							
3	××县							
…	…							
…	…							
…	全市							

（3）指标分析。

从市级指标变化趋势分析。分析近5年××市配网整体10kV线路电缆化率变化趋势，阐述指标由最小（大）值到最大（小）值的变化过程及变化值。从指标整体水平评价××市配网10kV线路电缆化率指标高低。

从各区县指标变化情况分析。差异化分析近 5 年各区县配网 10kV 线路电缆化率变化趋势，具体阐述哪些区县该指标呈逐年上升（下降）趋势或波动上升（下降）趋势，说明指标变化值或变化区间。

从各区县指标对标情况分析。对比各区县配网 10kV 线路电缆化率与全市平均水平，具体阐述哪些区县该指标高于（低于）全市平均水平。从对标结果定位重点评价区县，分析配网投资在资产装备水平方面建设成效。

7. 10kV 架空线路绝缘化率

10kV 架空线路绝缘化率是衡量某一区域架空路线安全性以及资产装备水平的重要指标之一。统计区域配网 10kV 架空线路绝缘化率，研判全市及各区县指标近 5 年变化趋势，对比各区县指标差异，分析指标较高或较低原因，评价不同区县投资建设成效好坏。

（1）指标定义。10kV 架空线路绝缘化率指地区 10kV 架空绝缘线路长度占 10kV 架空线路总长度的比例。架空绝缘线指单层或多层铝股线绞合在上面挤制绝缘层的导线，一般 10kV 以下架空线路都采用绝缘导线。

（2）指标公式为

$$架空线路绝缘化率 = \frac{架空线路绝缘线长度}{架空线路总长度} \times 100\%$$

××地区配网 10kV 架空线路绝缘化率见表 3-31。

表 3-31　　　　　　　××地区配网 10kV 架空线路绝缘化率表　　　　（单位：%）

序号	区域	10kV 架空线路绝缘化率						
		20××年	…	…	…	20××年	平均值	平均增长率
1	市辖							
2	××区							
3	××县							
…	…							
…	…							
…	全市							

（3）指标分析。

从市级指标变化趋势分析。分析近 5 年××市配网整体 10kV 架空线路绝缘化率变化趋势，阐述指标由最小（大）值到最大（小）值的变化过程及变化值。从指标整体水平评价××市配网 10kV 架空线路绝缘化率指标高低。

从各区县指标变化情况分析。差异化分析近 5 年各区县配网 10kV 架空线路绝缘化率变化趋势，具体阐述哪些区县该指标呈逐年上升（下降）趋势或波动上升（下降）趋势，说明指标变化值或变化区间。

从各区县指标对标情况分析。对比各区县配网 10kV 架空线路绝缘化率与全市平均水平，具体阐述哪些区县该指标高于（低于）全市平均水平。从对标结果定位重点评价区县，分析配网投资在资产装备水平方面建设成效。

8. 老旧配变占比

老旧配变占比是衡量区域电网资产装备水平的重要指标之一。统计区域老旧配变占比，研判全市及各区县指标近 5 年变化趋势，对比各区县指标差异，分析指标较高或较低原因，评价不同区县投资建设成效好坏。

（1）指标定义。老旧配变占比指老旧 10kV 配电变压器台数占全部 10kV 配电变压器台数的百分比。老旧配电变压器指使用年限超过 20 年的配电变压器。

（2）指标公式为

$$老旧配变占比 = \frac{老旧配电变压器台数}{配电变压器总台数} \times 100\%$$

××地区老旧配变占比见表 3-32。

表 3-32　　　　　　　　　　××地区老旧配变占比表　　　　　　　（单位：%）

序号	区域	老旧配变占比						
		20××年	...	...	...	20××年	平均值	平均增长率
1	市辖	.						
2	××区							
3	××县							
...	...							
...	...							
...	全市							

（3）指标分析。

从市级指标变化趋势分析。分析近 5 年××市整体老旧配变占比变化趋势，阐述指标由最小（大）值到最大（小）值的变化过程及变化值。从指标整体水平评价××市配网老旧配变占比指标高低。

从各区县指标变化情况分析。差异化分析近 5 年各区县配网老旧配变占比变化趋势，具体阐述哪些区县该指标呈逐年上升（下降）趋势或波动上升（下降）趋势，说明指标变化值或变化区间。

从各区县指标对标情况分析。对比各区县配网老旧配变占比与全市平均水平，具体阐述哪些区县该指标高于（低于）全市平均水平。从对标结果定位重点评价区县，分析配网投资在资产装备水平方面建设成效。

9. 老旧线路占比

老旧线路占比是衡量区域电网资产装备水平的重要指标之一。统计区域配网老旧线路占比，研判全市及各区县指标近 5 年变化趋势，对比各区县指标差异，分析指标较高或较低原因，评价不同区县投资建设成效好坏。

（1）指标定义。老旧线路占比指老旧 10kV 线路条数占 10kV 线路总条数的百分比。老旧线路指使用年限超过 20 年的线路。

（2）指标公式为

$$老旧线路占比 = \frac{老旧线路条数}{线路总条数} \times 100\%$$

××地区配网老旧线路占比见表 3-33。

表 3-33   ××地区配网老旧线路占比表   （单位：%）

序号	区域	老旧线路占比						
		20××年	…	…	…	20××年	平均值	平均增长率
1	市辖							
2	××区							
3	××县							
…	…							
…	…							
…	全市							

（3）指标分析。

从市级指标变化趋势分析。分析近 5 年××市配网整体老旧线路占比变化趋势，阐述指标由最小（大）值到最大（小）值的变化过程及变化值。从指标整体水平评价××市配网老旧线路占比指标高低。

从各区县指标变化情况分析。差异化分析近 5 年各区县配网老旧线路占比变化趋势，具体阐述哪些区县该指标呈逐年上升（下降）趋势或波动上升（下降）趋势，说明指标变化值或变化区间。

从各区县指标对标情况分析。对比各区县配网老旧线路占比与全市平均水平，具体阐述哪些区县该指标高于（低于）全市平均水平。从对标结果定位重点评价区县，分析配网投资在资产装备水平方面建设成效。

四、电网效率指标

1. 平均负荷（增长率）

平均负荷与平均负荷增长率是衡量区域电力需求以及电网效率水平的重要指标。统计区域配网平均负荷与平均负荷增长率，研判全市及各区县指标近 5 年变化趋势，对比各区县指标差异，分析指标较高或较低原因，评价不同区县投资建设成效好坏。

（1）指标定义。平均负荷指在一年内电力负荷的平均值。平均负荷增长率与地区年度平均负荷有关，是反映区域电力需求的重要指标。

（2）指标公式为

$$平均负荷增长率 = \frac{下一年平均负荷 - 上一年平均负荷}{上一年平均负荷} \times 100\%$$

××地区配网平均负荷及增长率见表 3-34。

表 3-34　　　　　　　　　　××地区配网平均负荷及增长率表

序号	区域	平均负荷（kW）						
		20××年	…	…	…	20××年	平均值	平均增长率（%）
1	市辖							
2	××区							
3	××县							
…	…							
…	…							
…	全市							

（3）指标分析。

从市级指标变化趋势分析。分析近 5 年××市配网整体平均负荷与平均负荷增长率变化趋势，阐述指标由最小（大）值到最大（小）值的变化过程及变化值。从指标整体水平评价××市配网平均负荷增长率指标高低。

从各区县指标变化情况分析。差异化分析近 5 年各区县配网平均负荷与平均负荷增长率变化趋势，具体阐述哪些区县该指标呈逐年上升（下降）趋势或波动上升（下降）趋势，说明指标变化值或变化区间。

从各区县指标对标情况分析。对比各区县配网平均负荷及平均负荷增长率与全市平均水平，具体阐述哪些区县该指标高于（低于）全市平均水平。从对标结果定位重点评价区县，分析配网投资在电网效率水平方面建设成效。

2. 全域配变平均负载率

全域配变平均负载率是衡量某一区域电网效率的重要指标之一。统计区域配网全域配变平均负载率，研判全市及各区县指标近 5 年变化趋势，对比各区县指标差异，分析指标较高或较低原因，评价不同区县投资建设成效好坏。

（1）指标定义。全域配变平均负载率指县域公司年度平均负荷与配变总容量的百分比，用于评价资产利用效率。

（2）指标公式为

$$全域配变平均负载率 = \frac{年平均负荷}{配变额定总容量 \times 功率因数} \times 100\%$$

××地区配网全域配变平均负载率见表 3-35。

表 3-35　　　　　　　××地区配网全域配变平均负载率表　　　　　　（单位：%）

序号	区域	全域配变平均负载率						
		20××年	…	…	…	20××年	平均值	平均增长率
1	市辖							
2	××区							
3	××县							
…	…							
…	…							
…	全市							

（3）指标分析。

从市级指标变化趋势分析。分析近 5 年××市配网全域配变平均负载率变化趋势，阐述指标由最小（大）值到最大（小）值的变化过程及变化值。从指标整体水平评价××市配网全域配变平均负载率指标高低。

从各区县指标变化情况分析。差异化分析近 5 年各区县配网全域配变平均负载率变化趋势，具体阐述哪些区县该指标呈逐年上升（下降）趋势或波动上升（下降）趋势，说明指标变化值或变化区间。

从各区县指标对标情况分析。对比各区县配网全域配变平均负载率与全市平均水平，具体阐述哪些区县该指标高于（低于）全市平均水平。从对标结果定位重点评价区县，分析配网投资在电网效率水平方面建设成效。

3. 全域线路平均负载率

全域线路平均负载率是衡量区域电网效率水平的重要指标之一。统计区域配网全域线路平均负载率，研判全市及各区县指标近 5 年变化趋势，对比各区县指标差异，分析指标较高或较低原因，评价不同区县投资建设成效好坏。

（1）指标定义。全域线路平均负载率指县域公司年平均负荷占线路经济输送容量的百分比，用于评价资产利用效率。

（2）指标公式为

$$\text{线路平均负载率} = \frac{\text{年平均负荷}}{\text{线路经济输送总容量}} \times 100\%$$

××地区配网全域线路平均负载率见表 3-36。

表 3-36　　　　　　　××地区配网全域线路平均负载率表　　　　　　（单位：%）

序号	区域	全域线路平均负载率						
		20××年	…	…	…	20××年	平均值	平均增长率
1	市辖							
2	××区							
3	××县							

序号	区域	全域线路平均负载率						
		20××年	…	…	…	20××年	平均值	平均增长率
…	…							
…	…							
…	全市							

（3）指标分析。

从市级指标变化趋势分析。分析近 5 年××市配网线路平均负载率变化趋势，阐述指标由最小（大）值到最大（小）值的变化过程及变化值。从指标整体水平评价××市配网全域线路平均负载率指标高低。

从各区县指标变化情况分析。差异化分析近 5 年各区县配网全域线路平均负载率变化趋势，具体阐述哪些区县该指标呈逐年上升（下降）趋势或波动上升（下降）趋势，说明指标变化值或变化区间。

从各区县指标对标情况分析。对比各区县配网全域线路平均负载率与全市平均水平，具体阐述哪些区县该指标高于（低于）全市平均水平。从对标结果定位重点评价区县，分析配网投资在电网效率水平方面建设成效。

4．最大负荷（增长率）

最大负荷与最大负荷增长率是衡量区域电力需求以及电网效率水平的重要指标之一。统计区域配网最大负荷与最大负荷增长率，研判全市及各区县指标近 5 年变化趋势，对比各区县指标差异，分析指标较高或较低原因，评价不同区县投资建设成效好坏。

（1）指标定义。最大负荷指在一年内电力负荷的最大值。最大负荷增长率与地区年度最大负荷有关，是反映区域电力需求的重要指标。

（2）指标公式为

$$最大负荷增长率 = \frac{年度最大负荷 - 上一年最大负荷}{上一年最大负荷} \times 100\%$$

××地区配网最大负荷及增长率见表 3-37。

表 3-37　　　　　　　　××地区配网最大负荷及增长率表

序号	区域	最大负荷（kW）						
		20××年	…	…	…	20××年	平均值	平均增长率（%）
1	市辖							
2	××区							
3	××县							
…	…							
…	…							
…	全市							

（3）指标分析。

从市级指标变化趋势分析。分析近 5 年××市配网整体最大负荷与最大负荷增长率变化趋势，阐述指标由最小（大）值到最大（小）值的变化过程及变化值。从指标整体水平评价××市配网最大负荷与最大负荷增长率指标高低。

从各区县指标变化情况分析。差异化分析近 5 年各区县配网最大负荷与最大负荷增长率变化趋势，具体阐述哪些区县该指标呈逐年上升（下降）趋势或波动上升（下降）趋势，说明指标变化值或变化区间。

从各区县指标对标情况分析。对比各区县配网最大负荷与最大负荷增长率与全市平均水平，具体阐述哪些区县该指标高于（低于）全市平均水平。从对标结果定位重点评价区县，分析配网投资在电网效率水平方面建设成效。

5. 全域配变最大负载率

全域配变最大负载率是衡量区域电网效率水平的重要指标之一。统计区域配网全域配变最大负载率，研判全市及各区县指标近 5 年变化趋势，对比各区县指标差异，分析指标较高或较低原因，评价不同区县投资建设成效好坏。

（1）指标定义。全域配变最大负载率指县域最高负荷与辖区配变额定总容量的比值，用于评价资产利用效率。

（2）指标公式为

$$全域配变最大负载率 = \frac{统计区域年最高负荷}{额定总容量 \times 功率因数} \times 100\%$$

××地区配网全域配变最大负载率见表 3-38。

表 3-38　　　　　　　　××地区配网全域配变最大负载率表　　　　　　　（单位：%）

序号	区域	全域配变最大负载率						
		20××年	...	...	...	20××年	平均值	平均增长率
1	市辖							
2	××区							
3	××县							
...	...							
...	...							
...	全市							

（3）指标分析。

从市级指标变化趋势分析。分析近 5 年××市配网整体全域配变最大负载率变化趋势，阐述指标由最小（大）值到最大（小）值的变化过程及变化值。从指标整体水平评价××市配网全域配变最大负载率指标高低。

从各区县指标变化情况分析。差异化分析近 5 年各区县配网全域配变最大负载率变化趋势，具体阐述哪些区县该指标呈逐年上升（下降）趋势或波动上升（下降）趋势，说明指标变化值或变化区间。

从各区县指标对标情况分析。对比各区县配网全域配变最大负载率与全市平均水平，具体阐述哪些区县该指标高于（低于）全市平均水平。从对标结果定位重点评价区县，分析配网投资在电网效率水平方面建设成效。

6. 全域线路最大负载率

全域线路最大负载率是衡量区域电网效率水平的重要指标之一。统计区域配网全域线路最大负载率，研判全市及各区县指标近 5 年变化趋势，对比各区县指标差异，分析指标较高或较低原因，评价不同区县投资建设成效好坏。

（1）指标定义。全域线路最大负载率指县域公司线路最大负荷占线路经济输送容量的百分比，评价资产利用效率。

（2）指标公式为

$$全域线路最大负载率 = \frac{年最大负荷}{线路经济输送总容量} \times 100\%$$

××地区配网全域线路最大负载率见表 3-39。

表 3-39　　　　　　　　××地区配网全域线路最大负载率表　　　　　　　（单位：%）

序号	区域	全域线路最大负载率						
		20××年	…	…	…	20××年	平均值	平均增长率
1	市辖							
2	××区							
3	××县							
…	…							
…	…							
…	全市							

（3）指标分析。

从市级指标变化趋势分析。分析近 5 年××市配网整体全域线路最大负载率变化趋势，阐述指标由最小（大）值到最大（小）值的变化过程及变化值。从指标整体水平评价××市配网全域线路最大负载率指标高低。

从各区县指标变化情况分析。差异化分析近 5 年各区县配网全域线路最大负载率变化趋势，具体阐述哪些区县该指标呈逐年上升（下降）趋势或波动上升（下降）趋势，说明指标变化值或变化区间。

从各区县指标对标情况分析。对比各区县配网全域线路最大负载率与全市平均水平，具体阐述哪些区县该指标高于（低于）全市平均水平。从对标结果定位重点评价区县，分析配网投资在电网效率水平方面建设成效。

7. 配变利用小时数

配变利用小时数是衡量某一区域配电变压器设备利用率以及电网效率水平的重要指标之一。统计区域配变利用小时数，研判全市及各区县指标近 5 年变化趋势，对比各区县指标差异，分析指标较高或较低原因，评价不同区县投资建设成效好坏。

（1）指标定义。配变利用小时数指地区配电变压器年用电量与该地区当年发生的最大负荷之比。

（2）指标公式为

$$配变利用小时数 = \frac{配变年用电量}{年最大负荷}$$

××地区配网配变利用小时数见表 3-40。

表 3-40 　　　　　　　　××地区配网配变利用小时数表

序号	区域	配变利用小时数（h/年）						
		20××年	···	···	···	20××年	平均值	平均增长率（%）
1	市辖							
2	××区							
3	××县							
···	···							
···	···							
···	全市							

（3）指标分析。

从市级指标变化趋势分析。分析近 5 年××市配网整体配变利用小时数变化趋势，阐述指标由最小（大）值到最大（小）值的变化过程及变化值。从指标整体水平评价××市配网配变利用小时数指标高低。

从各区县指标变化情况分析。差异化分析近 5 年各区县配网配变利用小时数变化趋势，具体阐述哪些区县该指标呈逐年上升（下降）趋势或波动上升（下降）趋势，说明指标变化值或变化区间。

从各区县指标对标情况分析。对比各区县配网配变利用小时数与全市平均水平，具体阐述哪些区县该指标高于（低于）全市平均水平。从对标结果定位重点评价区县，分析配网投资在电网效率水平方面建设成效。

8. 线路利用小时数

线路利用小时数是衡量区域线路利用率以及电网效率水平的重要指标之一。统计区域配网线路利用小时数，研判全市及各区县指标近 5 年变化趋势，对比各区县指标差异，分析指标较高或较低原因，评价不同区县投资建设成效好坏。

（1）指标定义。线路利用小时数指地区电网线路年用电量与该地区当年发生的最大负荷之比。

（2）指标公式为

$$线路利用小时数 = \frac{线路年用电量}{年最大负荷}$$

××地区配网线路利用小时数见表 3-41。

表 3-41　　　　　　　　　××地区配网线路利用小时数表

序号	区域	线路利用小时数（h/年）						
		20××年	…	…	…	20××年	平均值	平均增长率（%）
1	市辖							
2	××区							
3	××县							
…	…							
…	…							
…	全市							

（3）指标分析。

从市级指标变化趋势分析。分析近 5 年××市配网整体线路利用小时数变化趋势，阐述指标由最小（大）值到最大（小）值的变化过程及变化值。从指标整体水平评价××市配网线路利用小时数指标高低。

从各区县指标变化情况分析。差异化分析近 5 年各区县配网线路利用小时数变化趋势，具体阐述哪些区县该指标呈逐年上升（下降）趋势或波动上升（下降）趋势，说明指标变化值或变化区间。

从各区县指标对标情况分析。对比各区县配网线路利用小时数与全市平均水平，具体阐述哪些区县该指标高于（低于）全市平均水平。从对标结果定位重点评价区县，分析配网投资在电网效率水平方面建设成效。

9. 配变空载（轻载、重载、过载）比例

配变空载（轻载、重载、过载）比例是衡量区域配电变压器的利用效率水平的重要指标之一。统计区域配网配变空载（轻载、重载、过载）比例，研判全市及各区县指标近 5 年变化趋势，对比各区县指标差异，分析指标较高或较低原因，评价不同区县投资建设成效好坏。

（1）指标定义。配变空载（轻载、重载、过载）比例指在实际运行中存在空载（轻载、重载、过载）的主变压器占比，反映变压器的利用效率情况。负载率为 0% 的为空载，负载率处于 0%～20% 的为轻载，负载率处于 80%～100% 的为重载，负载率＞100% 的为过载。

（2）指标公式为

$$配变空载（轻载、重载、过载）比例 = \frac{空载（轻载、重载、过载）配变台数}{配变总台数}$$

××地区配网配变空载（轻载、重载、过载）比例见表 3-42。

表 3-42　　　　　　××地区配网配变空载（轻载、重载、过载）比例表　　　（单位：%）

序号	区域	配变空载（轻载、重载、过载）比例				
		20××年				
		空载	轻载	正常负载	重载	过载
1	市辖					
2	××区					
3	××县					
…	…					
…	…					
…	全市					

（3）指标分析。

从市级指标变化趋势分析。分析近 5 年××市配网整体配变空载（轻载、重载、过载）比例变化趋势，阐述指标由最小（大）值到最大（小）值的变化过程及变化值。从指标整体水平评价××市配网配变空载（轻载、重载、过载）比例指标高低。

从各区县指标变化情况分析。差异化分析近 5 年各区县配变空载（轻载、重载、过载）比例变化趋势，具体阐述哪些区县该指标呈逐年上升（下降）趋势或波动上升（下降）趋势，说明指标变化值或变化区间。

从各区县指标对标情况分析。对比各区县配网配变空载（轻载、重载、过载）比例与全市平均水平，具体阐述哪些区县该指标高于（低于）全市平均水平。从对标结果定位重点评价区县，分析配网投资在电网效率方面建设成效。

10. 线路空载（轻载、重载、过载）比例

线路空载（轻载、重载、过载）比例是衡量区域电网线路的利用率以及电网效率的重要指标之一。统计区域配网线路空载（轻载、重载、过载）比例，研判全市及各区县指标近 5 年变化趋势，对比各区县指标差异，分析指标较高或较低原因，评价不同区县投资建设成效好坏。

（1）指标定义。线路空载（轻载、重载、过载）比例实际运行中存在空载（轻载、重载、过载）的线路占比，反映线路的利用效率情况。负载率为 0% 的为空载，负载率＜20% 的为轻载，负载率处于 80%～100% 的为重载，负载率＞100% 的为过载。

（2）指标公式为

$$线路空（轻、重、过）载比例 = \frac{空（轻、重、过）载线路条数}{总线路条数} \times 100\%$$

××地区配网线路空载（轻载、重载、过载）比例见表 3-43。

表 3-43　　　　　　××地区配网线路空载（轻载、重载、过载）比例表　　　　（单位：％）

序号	区域	线路空载（轻载、重载、过载）比例				
		20××年				
		空载	轻载	正常负载	重载	过载
1	市辖					
2	××区					
3	××县					
…	…					
…	…					
…	全市					

（3）指标分析。

从市级指标变化趋势分析。分析近 5 年××市配网整体线路空载（轻载、重载、过载）比例变化趋势，阐述指标由最小（大）值到最大（小）值的变化过程及变化值。从指标整体水平评价××市配网线路空载（轻载、重载、过载）比例指标高低。

从各区县指标变化情况分析。差异化分析近 5 年各区县配网线路空载（轻载、重载、过载）比例变化趋势，具体阐述哪些区县该指标呈逐年上升（下降）趋势或波动上升（下降）趋势，说明指标变化值或变化区间。

从各区县指标对标情况分析。对比各区县配网线路空载（轻载、重载、过载）比例与全市平均水平，具体阐述哪些区县该指标高于（低于）全市平均水平。从对标结果定位重点评价区县，分析配网投资在电网效率方面建设成效。

11. 线路达产率

线路达产率是衡量区域电网效率水平的重要指标之一。统计区域配网线路达产率，研判全市及各区县指标近 5 年变化趋势，对比各区县指标差异，分析指标较高或较低原因，评价不同区县投资建设成效好坏。

（1）指标定义。线路达产率指达产线路条数占全部线路条数的百分比。达产标准为平均负荷率≥10％，且最大负荷率≥35％。

（2）指标公式为

$$线路达产率 = \frac{达产线路条数}{线路总条数} \times 100\%$$

××地区配网线路达产率见表 3-44。

表 3-44　　　　　　　　　　　××地区配网线路达产率表　　　　　　（单位:%）

序号	区域	线路达产率						
		20××年	…	…	…	20××年	平均值	平均增长率
1	市辖							
2	××区							
3	××县							
…	…							
…	…							
…	全市							

（3）指标分析。

从市级指标变化趋势分析。分析近 5 年××市配网整体线路达产率变化趋势，阐述指标由最小（大）值到最大（小）值的变化过程及变化值。从指标整体水平评价××市配网线路达产率指标高低。

从各区县指标变化情况分析。差异化分析近 5 年各区县配网线路达产率变化趋势，具体阐述哪些区县该指标呈逐年上升（下降）趋势或波动上升（下降）趋势，说明指标变化值或变化区间。

从各区县指标对标情况分析。对比各区县配网线路达产率与全市平均水平，具体阐述哪些区县该指标高于（低于）全市平均水平。从对标结果定位重点评价区县，分析配网投资在电网效率方面建设成效。

12. 配变达产率

配变达产率是衡量区域电网效率水平的重要指标之一。统计区域配变达产率，研判全市及各区县指标近 5 年变化趋势，对比各区县指标差异，分析指标较高或较低原因，评价不同区县投资建设成效好坏。

（1）指标定义。配变达产率指达产配变台数占配变总台数的百分比。达产标准为平均负荷率≥10%，且最大负荷率≥35%。

（2）指标公式为

$$配变达产率=\frac{达产配变台数}{配变总台数}\times 100\%$$

××地区配变达产率见表 3-45。

表 3-45　　　　　　　　　　　××地区配变达产率情况表　　　　　　（单位:%）

序号	区域	配变达产率						
		20××年	…	…	…	20××年	平均值	平均增长率
1	市辖							
2	××区							
3	××县							

序号	区域	配变达产率						
		20××年	⋯	⋯	⋯	20××年	平均值	平均增长率
⋯	⋯							
⋯	⋯							
⋯	全市							

（3）指标分析。

从市级指标变化趋势分析。分析近 5 年××市配网整体配变达产率变化趋势，阐述指标由最小（大）值到最大（小）值的变化过程及变化值。从指标整体水平评价××市配网配变达产率指标高低。

从各区县指标变化情况分析。差异化分析近 5 年各区县配网配变达产率变化趋势，具体阐述哪些区县该指标呈逐年上升（下降）趋势或波动上升（下降）趋势，说明指标变化值或变化区间。

从各区县指标对标情况分析。对比各区县配网配变达产率与全市平均水平，具体阐述哪些区县该指标高于（低于）全市平均水平。从对标结果定位重点评价区县，分析配网投资在电网效率水平方面建设成效。

五、网架结构指标

1. 线路联络率

线路联络率是衡量区域电网网架结构水平的重要指标之一。统计区域配网线路联络率，研判全市及各区县指标近 5 年变化趋势，对比各区县指标差异，分析指标较高或较低原因，评价不同区县投资建设成效好坏。

（1）指标定义。线路联络率指有联络开关的线路长度与区域内线路总长度的比值。

（2）指标公式为

$$线路联络率 = \frac{有联络开关的线路总长度}{区域内线路总长度} \times 100\%$$

××地区配网线路联络率见表 3-46。

表 3-46　　　　　　　　××地区配网线路联络率表　　　　　　　　（单位：%）

序号	区域	线路联络率						
		20××年	⋯	⋯	⋯	20××年	平均值	平均增长率
1	市辖							
2	××区							
3	××县							
⋯	⋯							
⋯	⋯							
⋯	全市							

（3）指标分析。

从市级指标变化趋势分析。分析近5年××市配网整体线路联络率变化趋势，阐述指标由最小（大）值到最大（小）值的变化过程及变化值。从指标整体水平评价××市配网线路联络率指标高低。

从各区县指标变化情况分析。差异化分析近5年各区县配网线路联络率变化趋势，具体阐述哪些区县该指标呈逐年上升（下降）趋势或波动上升（下降）趋势，说明指标变化值或变化区间。

从各区县指标对标情况分析。对比各区县配网线路联络率与全市平均水平，具体阐述哪些区县该指标高于（低于）全市平均水平。从对标结果定位重点评价区县，分析配网投资在网架结构方面建设成效。

2. 线路可转供电率

配网线路可转供电率是衡量10kV配网公用线路的联络情况以及网架结构水平的重要指标之一。统计区域配网线路可转供电率，研判全市及各区县指标近5年变化趋势，对比各区县指标差异，分析指标较高或较低原因，评价不同区县投资建设成效好坏。

（1）指标定义。线路可转供电率指可转供电线路占全部线路的百分比。可转供电线路的定义是有联络关系的线路同时处于最大负荷运行方式下，某回线路的变电站出线开关停运时，其全部负荷可通过不超两次（含两次）转供电操作，转由其他线路供电，那么该线路称为可转供电线路。

（2）指标公式为

$$线路可转供电率 = \frac{可转供线路总条数}{线路总条数} \times 100\%$$

××地区配网线路可转供电率见表3-47。

表3-47　　　　　　　　　　××地区配网线路可转供电率表　　　　　　　　　　（单位：%）

序号	区域	线路可转供率						
		20××年	...	...	...	20××年	平均值	平均增长率
1	市辖							
2	××区							
3	××县							
...	...							
...	...							
...	全市							

（3）指标分析。

从市级指标变化趋势分析。分析近5年××市配网整体线路可转供电率变化趋势，阐述指标由最小（大）值到最大（小）值的变化过程及变化值。从指标整体水平评价××市配网线路可转供电率指标高低。

从各区县指标变化情况分析。差异化分析近 5 年各区县配网线路可转供电率变化趋势，具体阐述哪些区县该指标呈逐年上升（下降）趋势或波动上升（下降）趋势，说明指标变化值或变化区间。

从各区县指标对标情况分析。对比各区县配网线路可转供电率与全市平均水平，具体阐述哪些区县该指标高于（低于）全市平均水平。从对标结果定位重点评价区县，分析配网投资在网架结构方面建设成效。

六、供电可靠性指标

1. 供电可靠率（ASAI-1、ASAI-2、ASAI-3）

供电可靠率是衡量供电系统对用户持续供电能力的一个主要指标，指标的高低直接反映了配网对电力用户的供电能力，也反映了电力工业对国民经济电能需求的满足程度。统计区域配网户均停电时间，计算全市及各区县供电可靠率指标，研究近 5 年指标变化趋势并对各区县进行差异化比较，从可靠性角度评价配网投资建设的效果。

（1）指标定义。

ASAI-1：在统计期间内，对用户有效供电时间总小时数与统计期间小时数的比值，统计的是非停电总时间占比。

ASAI-2：不计外部影响，在统计期间内，对用户有效供电时间总小时数与统计期间小时数的比值，统计的是去除外部影响的非停电时间占比。外部影响指非本企业运行、维护和管理的电网及设施，其故障停电属外部影响的有外力破坏、自然灾害、市政建设等。

ASAI-3：不计系统电源不足限电影响，在统计期间内，对用户有效供电时间总小时数与统计期间小时数的比值，统计的是去除限电的非停电时间占比

（2）指标公式为

$$ASAI-1=\left(1-\frac{用户平均停电时间}{统计期间时间}\right)\times 100\%$$

$$ASAI-2=\left(1-\frac{用户平均停电时间-用户平均受外部影响停电时间}{统计期间时间}\right)\times 100\%$$

$$ASAI-3=\left(1-\frac{用户平均停电时间-用户平均限电停电时间}{统计期间时间}\right)\times 100\%$$

××地区配网供电可靠率见表 3-48。

表 3-48　　　　　　　　　　××地区配网供电可靠率表　　　　　　　　（单位：%）

序号	区域	供电可靠率（ASAI-1/ASAI-2/ASAI-3）						
		20××年	⋯	⋯	⋯	20××年	平均值	平均增长率
1	市辖							
2	××区							
3	××县							

续表

序号	区域	供电可靠率（ASAI-1/ASAI-2/ASAI-3）						
		20××年	···	···	···	20××年	平均值	平均增长率
···	···							
···	···							
···	全市							

（3）指标分析。

从市级指标变化趋势分析。首先分析近 5 年××市配网供电可靠率整体的变化趋势，阐述指标由最小（大）值到最大（小）值的变化过程及变化值，并分析产生相应趋势的原因。从指标整体水平评价××市配网供电可靠率指标高低，并据此对××市配网可靠性建设进行评价。

从各区县指标变化情况分析。差异化分析近 5 年各区县配网供电可靠率变化趋势，具体阐述哪些区县该指标呈逐年上升（下降）趋势或波动上升（下降）趋势，说明指标变化值或变化区间。

从各区县指标对标情况分析。对比各区县配网供电可靠率与全市平均水平，阐述哪些区县该指标高于（低于）全市平均水平。根据对标结果定位重点评价区县，分析配网投资在运行可靠性方面建设成效。

2. 配变运行率

配变运行率是反映地区配网可靠性与稳定性的重要指标之一。统计区域配网配变运行率，分析全市及各区县指标近 5 年变化趋势，对比各区县指标差异，分析指标较高或较低原因，评价不同区县配网投资建设成效好坏。

（1）指标定义。反映统计区域内变压器累计正常工作小时数与统计区域内变压器累计可用小时数的比值。

（2）指标公式为

$$配变运行率 = \frac{配变累计正常工作小时数}{配变累计可用小时数}$$

××地区配变运行率见表 3-49。

表 3-49　　　　　　　　　　　××地区配变运行率表　　　　　　　　　　（单位：%）

序号	区域	配变运行率						
		20××年	···	···	···	20××年	平均值	平均增长率
1	市辖							
2	××区							
3	××县							
···	···							
···	···							
···	全市							

（3）指标分析。

从市级指标变化趋势分析。分析近5年××市配变运行率变化趋势，阐述指标由最小（大）值到最大（小）值的变化过程及变化值。从指标整体水平评价××市配网配变运行率指标高低。

从各区县指标变化情况分析。差异化分析近5年各区县配变运行率变化趋势，具体阐述哪些区县该指标呈逐年上升（下降）趋势或波动上升（下降）趋势，说明指标变化值或变化区间。

从各区县指标对标情况分析。对比各区县配变运行率与全市平均水平，具体阐述哪些区县该指标高于（低于）全市平均水平。根据对标结果定位重点评价区县，分析配网投资在运行可靠性方面的建设成效。

3. 线路百千米故障停运次数

线路百千米故障停运次数是反映供电稳定性的重要指标，对评价配电网络的可靠性具有重要意义。

（1）指标定义。线路百千米故障停运次数指项目投产后年度每100千米线路每年因故障停运次数。统计全市及各区县线路百千米故障停运次数指标近5年变化趋势，对比各区县指标差异，分析指标较高或较低原因，从运行可靠性角度评价不同区县配网投资建设成效好坏。

（2）指标公式为

$$线路百千米故障停运次数 = \frac{线路年故障停运次数}{线路千米数 \times 100}$$

××地区配网线路百千米故障停运次数见表3-50。

表3-50　　　　　　　　　××地区配网线路百千米故障停运次数表

序号	区域	线路百千米故障停运次数（次/100km）						
		20××年	…	…	…	20××年	平均值	平均增长率（%）
1	市辖							
2	××区							
3	××县							
…	…							
…	…							
…	全市							

（3）指标分析。

从市级指标变化趋势分析。分析近5年××市配网整体线路百千米故障停运次数变化趋势，阐述指标由最小（大）值到最大（小）值的变化过程及变化值。从指标整体水平评价××市配网线路百千米故障停运次数指标的高低。

从各区县指标变化情况分析。差异化分析近5年各区县配网线路百千米故障停运次数变化趋势，具体阐述哪些区县该指标呈逐年上升（下降）趋势或波动上升（下降）趋势，说明指标变化值或变化区间。

从各区县指标对标情况分析。对比各区县配网线路百千米故障停运次数与全市平均水平，具体阐述哪些区县该指标高于（低于）全市平均水平。从对标结果定位重点评价区县，分析配网投资在运行可靠率方面建设成效。

4. 重复故障线路占比

重复故障线路占比是衡量配网运行可靠性的重要指标之一。减少重复停电线路和重复故障次数，直接关系到供电可靠性指标的管控和客户的第三方满意度与客户的用电体验。统计区域配网重复故障线路占比，分析全市及各区县该指标近5年变化趋势，对比各区县指标差异，分析指标较高或较低原因，评价不同区县配网投资建设成效好坏。

（1）指标定义。重复故障线路占比指重复故障线路数占总线路数的比例。

（2）指标公式为

$$重复故障线路占比 = \frac{重复故障线路数}{线路总数} \times 100\%$$

××地区配网重复故障线路占比见表3-51。

表3-51　　　　　　　　　　××地区配网重复故障线路占比表　　　　　　　　（单位：%）

序号	区域	重复故障线路占比						
		20××年	…	…	…	20××年	平均值	平均增长率
1	市辖							
2	××区							
3	××县							
…	…							
…	…							
…	全市							

（3）指标分析。

从市级指标变化趋势分析。分析近5年××市配网重复故障线路占比变化趋势，阐述指标由最小（大）值到最大（小）值的变化过程及变化值。从指标整体水平评价××市配网重复故障线路占比指标高低。

从各区县指标变化情况分析。差异化分析近5年各区县配网重复故障线路占比变化趋势，具体阐述哪些区县该指标呈逐年上升（下降）趋势或波动上升（下降）趋势，说明指标变化值或变化区间。

从各区县指标对标情况分析。对比各区县配网重复故障线路占比与全市平均水平，具体阐述哪些区县该指标高于（低于）全市平均水平。从对标结果定位重点评价区县，分析配网投资在运行可靠性方面建设成效。

5. 线路加装分段断路器比例

配电网线路分段是提高供电可靠性的有效措施，将每条线路分为若干段，这样可以减少停电范围，减少用户每年的平均停电时间，从而提高配电网供电可靠性。对全市区县线路加装分段断路器比例进行统计，分析变化趋势并比较各区县指标的差异，有助于从配网运行可靠性方面进行评价。

（1）指标定义。线路加装分段断路器比例是加装断路器的线路条数与线路总条数之比。

（2）指标公式为

$$线路加装分段断路器比例 = \frac{加装线路分段断路器线路条数}{线路总条数} \times 100\%$$

××地区配网线路加装分段断路器比例见表 3-52。

表 3-52　　　　××地区配网线路加装分段断路器比例表　　　　（单位：％）

序号	区域	线路加装分段断路器比例						
		20××年	…	…	…	20××年	平均值	平均增长率
1	市辖							
2	××区							
3	××县							
…	…							
…	…							
…	全市							

（3）指标分析。

从市级指标变化趋势分析。分析近 5 年××市配网整体线路加装分段断路器比例变化趋势，阐述指标由最小（大）值到最大（小）值的变化过程及变化值。从指标整体水平评价××市配网线路加装分段断路器比例指标高低。

从各区县指标变化情况分析。差异化分析近 5 年各区县配网线路加装分段断路器比例变化趋势，具体阐述哪些区县该指标呈逐年上升（下降）趋势或波动上升（下降）趋势，说明指标变化值或变化区间。

从各区县指标对标情况分析。对比各区县配网线路加装分段断路器比例与全市平均水平，具体阐述哪些区县该指标高于（低于）全市平均水平。从对标结果定位重点评价区县，分析配网投资在运行可靠性方面的建设成效。

第四节　县域配电网建设管理评价

10kV 及以下县域配电网建设管理评价指标主要是针对配电网项目在进度控制与投资

控制等方面的一致性。县域配电网建设管理后评价指标体系，见表 3-53。

表 3-53　　　　　　　　　　县域配电网建设管理后评价指标体系

一级维度	二级维度	指标名称
建设管理指标	进度控制指标	进度计划完成率
	投资控制指标	设计偏差率
		投资结余率

一、进度控制指标

进度计划完成率通过对比工程实际工期与计划工期的偏差程度，分析各批次工程进度控制情况，评价工程进度控制是否符合电网公司规定。统计区域配网进度计划完成率，研判全市及各区县指标近 5 年变化趋势，对比各区县指标差异，分析指标较高或较低原因，评价不同区县投资建设成效好坏。

（1）指标定义。进度计划完成率对各批次项目从前期策划到竣工投产的全过程进度控制情况进行评价。

（2）指标公式为

$$完成时间偏差＝实际完工时间－计划完工时间$$

$$进度计划完成率＝\frac{按进度计划完工（即完工时间偏差\leqslant 0）的批次数}{总批次数}\times 100\%$$

（3）评价标准。按照里程碑进度控制。

××地区配网项目进度计划完成率见表 3-54。

表 3-54　　　　　　　　××地区配网项目进度计划完成率表　　　　　　　（单位：%）

序号	区域	进度计划完成率						
		20××年	...	...	...	20××年	平均值	平均增长率
1	市辖							
2	××区							
3	××县							
...	...							
...	...							
...	全市							

（4）指标分析。

从市级指标变化趋势分析。分析近 5 年××市配网项目进度计划完成率变化趋势，阐述指标由最小（大）值到最大（小）值的变化过程及变化值。从指标整体水平评价××市配网项目进度计划完成率指标高低。

从各区县指标变化情况分析。差异化分析近 5 年各区县配网项目进度计划完成率变化趋势，具体阐述哪些区县该指标呈逐年上升（下降）趋势或波动上升（下降）趋势，说明指标变化值或变化区间。

从各区县指标对标情况分析。对比各区县配网项目进度计划完成率与全市平均水平，具体阐述哪些区县该指标高于（低于）全市平均水平。从对标结果定位重点评价区县，分析配网投资在项目进度计划控制方面的成效。

二、投资控制指标

1. 设计偏差率

主要考虑施工设计偏差率和物资设计偏差率。将施工合同结算金额与施工中标金额、物资合同结算金额与物资中标金额进行对比，分析差异变化，说明变化原因，评价项目初步设计合理性。

（1）指标定义。结算金额与中标金额对比差异，并分析原因，反映初步设计质量及对投资的控制力度。

（2）指标公式为

$$施工设计偏差率 = \frac{施工结算金额 - 施工中标金额}{施工中标金额} \times 100\%$$

$$物资设计偏差率 = \frac{物资结算金额 - 物资中标金额}{物资中标金额} \times 100\%$$

××地区配网设计偏差率见表 3-55。

表 3-55   ××地区配网设计偏差率表   （单位：%）

序号	区域	施工/物资设计偏差率					
		20××年（区间分布）					
1	市辖	−30%以下	−30%～−20%	−20%～−10%	−10%～0%	0%以上	平均值
2	××区						
3	××县						
…	…						
…	…						
…	全市						

（3）指标分析。

从市级指标变化趋势分析。分析近 5 年××市配网设计偏差率变化趋势，阐述指标由最小（大）值到最大（小）值的变化过程及变化值。从指标整体水平评价××市配网设计偏差率指标高低。

从各区县指标变化情况分析。差异化分析近 5 年各区县配网设计偏差率变化趋势，具体阐述哪些区县该指标呈逐年上升（下降）趋势或波动上升（下降）趋势，说明指标变化值或变化区间。

从各区县指标对标情况分析。对比各区县配网设计偏差率与全市平均水平，具体阐述哪些区县该指标高于（低于）全市平均水平。从对标结果定位重点评价区县，分析配网在初步设计、施工图设计等方面的精准度。

2. 投资结余率

对单个超支/节余较大的项目进行投资偏差原因分析。从单个配电网工程投资结余率的角度，按照地区或类型分析评价整个项目中单个项目投资结余率分布情况，必要时候，可选取变化幅度较大的配电网工程进行典型工程造价分析。

（1）指标定义。投资结余率指对区县年度决算投资与批复概算投资偏差情况进行评价。

（2）指标公式为

$$投资结余率 = \frac{批复概算金额 - 竣工决算金额}{批复概算金额} \times 100\%$$

××地区配网投资结余率见表 3-56。

表 3-56   ××地区配网投资结余率表   （单位：%）

序号	区域	投资结余率					
		20××年（区间分布）					
		0%～10%	10%～20%	20%～30%	30%以上	超概算	平均值
1	市辖						
2	××区						
3	××县						
…	…						
…	…						
…	全市						

（3）指标分析。

从市级指标变化趋势分析。分析近 5 年××市配网投资结余率变化趋势，阐述指标由最小（大）值到最大（小）值的变化过程及变化值。从指标整体水平评价××市配网投资结余率指标高低。

从各区县指标变化情况分析。差异化分析近 5 年各区县配网投资结余率变化趋势，具体阐述哪些区县该指标呈逐年上升（下降）趋势或波动上升（下降）趋势，说明指标变化值或变化区间。

从各区县指标对标情况分析。对比各区县配网投资结余率与全市平均水平，具体阐述哪些区县该指标高于（低于）全市平均水平。从对标结果定位重点评价区县，分析配网投资在工程投资控制方面的精准度。

第五节　县域配电网社会效益评价

根据配网工程的行业特点，从电力与经济发展、电量使用与供电质量多个方面构建县域配网社会效益后评价指标体系，见表3-57。

表 3-57　　　　　　县域配电网社会效益后评价指标体系

一级维度	二级维度	指标名称
社会效益指标	电力与经济发展指标	用电覆盖率
		电力增长 GDP
	电量使用指标	年用电量
		人均用电量
	供电质量指标	投诉次数
		综合电压合格率
		低电压用户占比降低率

一、电力与经济发展指标

1. 用电覆盖率

用电覆盖率体现解决无电人口用电问题，能够反映一个地区扶贫成效。统计全市及各区县用电覆盖率指标近5年变化趋势，对比各区县指标差异，从电力与经济发展角度评价不同区县投资建设成效好坏。

（1）指标定义。用电覆盖率指的某一个地区的用电用户的数量与该地区总人数的比值，体现某区域电力供应的覆盖情况。

（2）指标公式为

$$用电覆盖率 = \frac{某地区用电用户的数量}{地区总人数} \times 100\%$$

××地区用电覆盖率见表3-58。

表 3-58　　　　　　××地区用电覆盖率表　　　　　（单位：%）

序号	区域	用电覆盖率						
		20××年	…	…	…	20××年	平均值	平均增长率
1	市辖							
2	××区							
3	××县							
…	…							
…	…							
…	全市							

（3）指标分析。

从市级指标变化趋势分析。分析近 5 年××市配网用电覆盖率变化趋势，阐述指标由最小（大）值到最大（小）值的变化过程及变化值。从指标整体水平评价××市配网用电覆盖率指标高低。

从各区县指标变化情况分析。差异化分析近 5 年各区县配网用电覆盖率变化趋势，具体阐述哪些区县该指标呈逐年上升（下降）趋势或波动上升（下降）趋势，说明指标变化值或变化区间。

从各区县指标对标情况分析。对比各区县配网用电覆盖率与全市平均水平，具体阐述哪些区县该指标高于（低于）全市平均水平。从对标结果定位重点评价区县，分析配网投资在电力与经济发展方面的建设成效。

2. 电力增长 GDP

电量增长 GDP 指标通过测算 GDP 对全社会用电量的敏感程度以及由于全社会用电量变化所导致的 GDP 的变化量，以体现电力供应对地方经济的贡献程度，从而对全市及区县配网工程电力与经济发展方面进行评价。

（1）指标定义。电量增长 GDP 指标表示年度周期相比较上一年度周期用电量的增长会产生多少 GDP 增量，即电量增长对 GDP 的贡献。

（2）指标公式为

$$单位电量\,GDP = \frac{GDP}{全社会用电量}$$

$$电量增长\,GDP = 社会电量增加额 \times 单位电量\,GDP$$

××地区电力增长 GDP 见表 3-59。

表 3-59　　　　　　　　　　××地区电力增长 GDP 表

序号	区域	电力增长 GDP（元/kWh）						
		20××年	...	...	...	20××年	平均值	平均增长率（%）
1	市辖							
2	××区							
3	××县							
...	...							
...	...							
...	全市							

（3）指标分析。

从市级指标变化趋势分析。分析近 5 年××市配网电力增长 GDP 指标的整体变化趋势，阐述指标由最小（大）值到最大（小）值的变化过程及变化值并分析原因。从指标整体水平评价××市配网电力增长 GDP 指标高低。

从各区县指标变化情况分析。差异化分析近 5 年各区县配网电力增长 GDP 变化趋势，具体阐述哪些区县该指标呈逐年上升（下降）趋势或波动上升（下降）趋势，说明指标变化值或变化区间。

从各区县指标对标情况分析。对比各区县配网电力增长 GDP 与全市平均水平，具体阐述哪些区县该指标高于（低于）全市平均水平。从对标结果定位重点评价区县，分析配网投资在电力与经济发展方面的建设成效。

二、电量使用指标

1. 年用电量

配网供电能力提高和全市用电量增长将会带来巨大的社会效益，地区年用电量是评价配网工程社会效益的重要指标之一。统计全市及各区县年用电量指标近 5 年变化趋势，对比各区县指标差异，分析指标产生相应趋势的原因，评价不同区县配网因电量使用带来的社会效益的高低。

（1）指标定义。年用电量指一个国家或地区每年消耗的总用电量。

××地区年用电量见表 3-60。

表 3-60　　　　　　　　　　××地区年用电量表

序号	区域	年用电量（万 kWh）						
		20××年	…	…	…	20××年	平均值	平均增长率（%）
1	市辖							
2	××区							
3	××县							
…	…							
…	…							
…	全市							

（2）指标分析。

从市级指标变化趋势分析。分析近 5 年××市配网年用电量变化趋势，阐述指标由最小（大）值到最大（小）值的变化过程及变化值。从指标整体水平评价××市配网年用电量指标高低。

从各区县指标变化情况分析。差异化分析近 5 年各区县配网年用电量变化趋势，具体阐述哪些区县该指标呈逐年上升（下降）趋势或波动上升（下降）趋势，说明指标变化值或变化区间。

从各区县指标对标情况分析。对比各区县配网年用电量与全市平均水平，具体阐述哪些区县该指标高于（低于）全市平均水平。从对标结果定位重点评价区县，分析配网投资在电量使用方面的建设成效。

2. 人均用电量

人均用电量可以在一定程度上反映一个国家或地区电力供应水平、经济发展水平和人民生活水平，是评价配网工程投资社会效益的重要指标之一。统计区域人均用电量，分析全市及各区县人均用电量指标近5年变化趋势，并对比各区县指标差异，评价不同区县投资建设成效好坏。

（1）指标定义。人均用电量是一个国家或地区每个居民平均每年消耗的电量，是地区年总用电量与地区常住人口数量间的比值。

（2）指标公式为

$$人均用电量 = \frac{地区年总用电量}{地区人数}$$

××地区人均用电量见表3-61。

表 3-61 　　　　　　　　　　　　　××地区人均用电量表

序号	区域	人均用电量（kWh/人）						
		20××年	…	…	…	20××年	平均值	平均增长率（%）
1	市辖							
2	××区							
3	××县							
…	…							
…	…							
…	全市							

（3）指标分析。

从市级指标变化趋势分析。分析近5年××市配网人均用电量变化趋势，阐述指标由最小（大）值到最大（小）值的变化过程及变化值。从指标整体水平评价××市人均用电量指标高低。

从各区县指标变化情况分析。差异化分析近5年各区县配网人均用电量变化趋势，具体阐述哪些区县该指标呈逐年上升（下降）趋势或波动上升（下降）趋势，明确指标变化显著的区县，说明指标变化值或变化区间。

从各区县指标对标情况分析。对比各区县配网人均用电量与全市平均水平，具体阐述哪些区县该指标高于（低于）全市平均水平。根据对标结果定位重点评价区县，分析配网投资在电量使用方面的建设成效。

三、供电质量指标

1. 投诉次数

投诉次数是对配网公司所做工作的质量和效率的评价，对满足客户需求、提升用户体验感具有重要意义。统计全市及各区县投诉次数近 5 年变化趋势，并对比各区县指标差异，评价不同区县投资建设成效好坏。

（1）指标定义。投诉次数指因无法满足客户用电需求而发生的客户投诉次数。

（2）指标公式为

一般情况下，投诉次数可通过查阅供电区域服务情况统计表得到。

××地区配网投诉次数见表 3-62。

表 3-62　　　　　　　　　　　　××地区配网投诉次数表

序号	区域	投诉次数（次）						
		20××年	...	...	...	20××年	平均值	平均增长率（%）
1	市辖							
2	××区							
3	××县							
...	...							
...	...							
...	全市							

（3）指标分析。

从市级指标变化趋势分析。分析近 5 年××市配网投诉次数变化趋势，阐述指标由最小（大）值到最大（小）值的变化过程及变化值。从指标整体水平评价××市配网投诉次数指标高低。

从各区县指标变化情况分析。差异化分析近 5 年各区县配网投诉次数变化趋势，具体阐述哪些区县该指标呈逐年上升（下降）趋势或波动上升（下降）趋势，说明指标变化值或变化区间。

从各区县指标对标情况分析。对比各区县配网投诉次数与全市平均水平，具体阐述哪些区县该指标高于（低于）全市平均水平。从对标结果定位重点评价区县，分析配网投资在供电质量方面的建设成效。

2. 综合电压合格率

综合电压合格率是指供电系统电压控制在允许的偏差范围之内，反映供电质量，是影响客户满意度重要指标之一。保证综合电压合格率，使得电量使用相对平衡和稳定，用电量忽高忽低的持续时间较少，所带来的电压影响有利于保障各种用电设备的性能和生产效率等，同时也提高了用户的体验感。

（1）指标定义。综合电压合格率反映的是 A、B、C、D 类综合电压合格率。

其中，A 类电压指地区供电负荷的变电站和发电厂的 20kV、10kV 各段母线电压。

B 类电压指 35kV、20kV 专线和 110kV 及以上用户端供电电压。

C 类电压指 35kV 和 20kV 非专线以及 10kV 用户端供电电压。

D 类电压指 220/380V 低压网络和用户端供电电压。

（2）指标公式为

$$综合电压合格率(\%) = 0.5V_A + 0.5 \times \frac{V_B + V_C + V_D}{3}$$

其中，V_A、V_B、V_C、V_D 分别表示 A、B、C、D 类电压合格率。

（3）评价标准。城市地区：供电可靠率不低于 99.90%，居民客户端电压合格率不低于 96%；农村地区：供电可靠率和居民客户端电压合格率，经国家电网公司核定后，由各省（自治区、直辖市）电力公司公布承诺指标进行评价。

××地区综合电压合格率见表 3-63。

表 3-63　　　　　　　　　　××地区综合电压合格率表　　　　　　　　（单位：%）

序号	区域	综合电压合格率						
		20××年	···	···	···	20××年	平均值	平均增长率
1	市辖							
2	××区							
3	××县							
···	···							
···	···							
···	全市							

（4）指标分析。

从市级指标变化趋势分析。分析近 5 年××市配网整体综合电压合格率变化趋势，阐述指标由最小（大）值到最大（小）值的变化过程及变化值，并分析相应变化趋势对应的原因。从指标整体水平评价××市配网综合电压合格率指标高低。

从各区县指标变化情况分析。差异化分析近 5 年各区县配网综合电压合格率变化趋势，具体阐述哪些区县该指标呈逐年上升（下降）趋势或波动上升（下降）趋势，明确其中指标改善明显的区县，并说明指标变化值或变化区间。

从各区县指标对标情况分析。对比各区县配网综合电压合格率与全市平均水平，具体阐述哪些区县该指标高于（低于）全市平均水平，明确指标水平较高（低）的区县。根据对标结果定位重点评价区县，分析配网投资在供电质量方面的建设成效。

3. 低电压用户占比降低率

低电压用户占比降低率反映了低电压用户改善情况，是衡量区域配网工程社会效益的一项重要指标。统计区域配网低电压用户占比降低率，分析全市及各区县指标近 5 年变化趋势，对比各区县指标差异，分析指标较高或较低原因，从服务用户质量角度评价不同区县配网投资建设成效好坏。

（1）指标定义。低电压用户占比降低率指下一年低电压用户的减少情况。

传统意义上的低电压特指 10kV 及以下电压等级，10kV 及以下三相供电电压偏差低于标称电压的 7%、单相供电电压偏差低于标称电压的 10% 定义为低电压。低电压主要是由于供电线路（10kV 线路或低压线路）供电半径过长或配变线路负载率过高引起，此外，线路导线截面偏小也会加剧低电压问题产生。

（2）指标公式为

$$低电压用户占比降低率 = \frac{下一年低电压用户占比 - 上年低电压用户占比}{上年低电压用户占比} \times 100\%$$

××地区低电压用户占比降低率见表 3-64。

表 3-64　　　　　　　　　　××地区低电压用户占比降低率表　　　　　　　　　（单位：%）

序号	区域	低电压用户占比降低率						
		20××年	…	…	…	20××年	平均值	平均增长率
1	市辖							
2	××区							
3	××县							
…	…							
…	…							
…	全市							

（3）指标分析。

从市级指标变化趋势分析。分析近 5 年××市配网整体低电压用户占比降低率变化趋势，阐述指标由最小（大）值到最大（小）值的变化过程及变化值，并分析相应变化趋势对应的原因。从指标整体水平评价××市配网低电压用户占比降低率指标高低。

从各区县指标变化情况分析。差异化分析近 5 年各区县配网低电压用户占比降低率变化趋势，具体阐述哪些区县该指标呈逐年上升（下降）趋势或波动上升（下降）趋势，明确其中指标改善明显的区县，并说明指标变化值或变化区间。

从各区县指标对标情况分析。对比各区县配网低电压用户占比降低率与全市平均水平，具体阐述哪些区县该指标高于（低于）全市平均水平，明确指标水平较高（低）的区县。根据对标结果定位重点评价区县，分析配网投资在服务用户质量方面的建设成效。

第六节　县域配电网环境效益评价

根据配网工程的行业特点，从清洁能源消纳、电能替代电量与节能减排多个方面构建县域配网社会效益后评价指标体系，见表 3-65。

表 3-65　　　　　　　　　　县域配电网环境效益后评价指标体系

一级维度	二级维度	指标名称
环境效益指标	清洁能源消纳指标	光伏上网电量
	电能替代电量	煤改电替代电量
		燃油替代电量
	节能减排指标	减少标准煤消耗
		二氧化碳减排量

一、清洁能源消纳

光伏上网电量：

传统能源使用产生的环境问题愈发严重，引起全社会对环境保护的高度关注。光伏发电在电源端减少了污染物的排放，光伏上网电量是衡量各地区配网工程环境效益的重要指标。统计全市及各区县光伏上网电量近 5 年变化趋势，对比各区县指标差异，分析指标较高或较低原因，评价不同区县投资建设在环境效益方面的成效好坏。

（1）指标定义。对于清洁能源送出项目，项目投产后每年对清洁能源消纳做出的贡献，通过统计配网服务地区光伏上网电量反映。

××地区光伏上网电量见表 3-66。

表 3-66　　　　　　　　　　××地区光伏上网电量表

序号	区域	光伏上网电量（万 kWh）						
		20××年	⋯	⋯	⋯	20××年	平均值	平均增长率（％）
1	市辖							
2	××区							
3	××县							
⋯	⋯							
⋯	⋯							
⋯	全市							

（2）指标分析。

从市级指标变化趋势分析。分析近 5 年××市配网光伏上网电量变化趋势，阐述指标由最小（大）值到最大（小）值的变化过程及变化值。从指标整体水平评价××市配网光伏上网电量指标高低。

从各区县指标变化情况分析。差异化分析近 5 年各区县配网光伏上网电量变化趋势，具体阐述哪些区县该指标呈逐年上升（下降）趋势或波动上升（下降）趋势，说明指标变化值或变化区间。

从各区县指标对标情况分析。对比各区县配网光伏上网电量与全市平均水平，具体阐述哪些区县该指标高于（低于）全市平均水平。从对标结果定位重点评价区县，分析配网投资在清洁能源消纳方面的建设成效。

二、电能替代电量

电能替代是指在终端能源消费领域用电能替代煤炭、石油、天然气，提高电能占终端能源消费比重，比如电热水器取代燃气热水器、电动汽车取代燃油汽车。在终端能源消费环节实施以电代煤、以电代油等，有利于提升终端用能清洁化、低碳化水平，促进清洁能源消纳，助力实现碳达峰、碳中和目标。

1. 煤改电替代电量

煤改电工程是电能替代的一种重要途径，主要是将煤炉取缔，改为电炉供暖，电炉取暖不仅环保，而且能够提高能源的利用率，减少对资源的不必要损耗。统计全市及各区县煤改电工程替代电量指标近 5 年的变化趋势，对比各区县指标差异，分析指标较高或较低原因，从环境效益的角度评价不同区县投资建设成效好坏。

（1）指标定义。煤改电替代电量指因用电采暖代替煤采暖而增加的用电量，通过统计区域内中煤改电项目年用电量来反映。

××地区煤改电替代电量见表 3-67。

表 3-67　　　　　　　　　　　××地区煤改电替代电量表

序号	区域	煤改电替代电量（kWh）						
		20××年	...	...	...	20××年	平均值	平均增长率（%）
1	市辖							
2	××区							
3	××县							
...	...							
...	...							
...	全市							

（2）指标分析。

从市级指标变化趋势分析。分析近 5 年××市配网煤改电替代电量变化趋势，阐述指标由最小（大）值到最大（小）值的变化过程及变化值。从指标整体水平评价××市配网煤改电替代电量指标高低。

从各区县指标变化情况分析。差异化分析近 5 年各区县配网煤改电替代电量变化趋势，具体阐述哪些区县该指标呈逐年上升（下降）趋势或波动上升（下降）趋势，说明指标变化值或变化区间。

从各区县指标对标情况分析。对比各区县配网煤改电替代电量与全市平均水平，具体阐述哪些区县该指标高于（低于）全市平均水平。从对标结果定位重点评价区县，分析配网投资在电能替代电量方面的建设成效。

2. 燃油替代电量

相比传统燃油的使用，电动汽车减少了燃油耗量，对本区域环境保护具有贡献作用。统计全市及各区县电动汽车充电桩接入工程燃油替代电量指标近 5 年的变化趋势，对比各区县指标差异，分析指标较高或较低原因，从环境效益的角度评价不同区县投资建设成效好坏。

（1）指标定义。燃油替代电量指因使用电动汽车代替燃油汽车而增加的用电量，通过统计区域内电动汽车年用电量来反映。

××地区燃油替代电量见表 3-68。

表 3-68 　　　　　　　　　　　　　××地区燃油替代电量表

序号	区域	燃油替代电量（kWh）						
		20××年	…	…	…	20××年	平均值	平均增长率（%）
1	市辖							
2	××区							
3	××县							
…	…							
…	…							
…	全市							

（2）指标分析。

从市级指标变化趋势分析。分析近 5 年××市配网整体燃油替代电量变化趋势，阐述指标由最小（大）值到最大（小）值的变化过程及变化值。从指标整体水平评价××市配网燃油替代电量指标高低。

从各区县指标变化情况分析。差异化分析近 5 年各区县配网燃油替代电量变化趋势，具体阐述哪些区县该指标呈逐年上升（下降）趋势或波动上升（下降）趋势，说明指标变化值或变化区间。

从各区县指标对标情况分析。对比各区县配网燃油替代电量与全市平均水平，具体阐述哪些区县该指标高于（低于）全市平均水平。从对标结果定位重点评价区县，分析配网投资在电能替代电量方面的建设成效。

三、节能减排指标

1. 减少标准煤消耗

减少标准煤消耗反映了分布式新能源并网工程和电能替代工程在减少燃烧标准煤方

面的环保贡献，通过电能使用降低二氧化碳等污染物的排放，为地区环境发展贡献力量。统计全市及各区县因开展清洁能源项目而减少标准煤消耗指标近5年的变化趋势，对比各区县指标差异，分析指标较高或较低原因，从环境效益方面评价不同区县投资建设成效好坏。

（1）指标定义。减少标准煤消耗指项目输送清洁能源，折合降低燃煤电厂平均标准煤消耗。

（2）指标公式为

减少标准煤消耗＝项目投产后清洁能源上网电量×火电单位电量标准煤消耗

其中，火电单位电量标准煤消耗可取中电联每年公布数据。

××地区减少标准煤消耗见表3-69。

表3-69　　　　　　　　××地区减少标准煤消耗表

序号	区域	减少标准煤消耗（t）						
		20××年	…	…	…	20××年	平均值	平均增长率（%）
1	市辖							
2	××区							
3	××县							
…	…							
…	…							
…	全市							

（3）指标分析。

从市级指标变化趋势分析。分析近5年××市配网整体减少标准煤消耗比例变化趋势，阐述指标由最小（大）值到最大（小）值的变化过程及变化值。从指标整体水平评价××市配网减少标准煤消耗指标高低。

从各区县指标变化情况分析。差异化分析近5年各区县配网减少标准煤消耗变化趋势，具体阐述哪些区县该指标呈逐年上升（下降）趋势或波动上升（下降）趋势，说明指标变化值或变化区间。

从各区县指标对标情况分析。对比各区县配网减少标准煤消耗与全市平均水平，具体阐述哪些区县该指标高于（低于）全市平均水平。从对标结果定位重点评价区县，分析配网投资在节能减排方面的建设成效。

2. 二氧化碳减排量

二氧化碳减排量指标大致可以分为光伏发电建设项目、煤改电工程、电动汽车充电桩接入工程三部分。光伏发电清洁能源相较于传统火力发电，减少了原煤消耗，降低了二氧化碳温室气体的排放；煤改电工程用电能替代燃煤锅炉，同样减少了冬季取暖燃煤锅炉释放的二氧化碳；电动汽车充电桩接入工程通过电能替代，减少了末端汽油的消耗，摆脱对石油等非再生能源的依赖，相比于燃油汽车也减少了二氧化碳排放。开展上述项目达到了提高该区域的供电能力、增强供电可靠性、改善区域环境空气质量的要求，为当地环保事业贡献了极大的力量。

二氧化碳减排量反映了分布式新能源并网工程和电能替代工程在减排二氧化碳方面的环保贡献，是对地区生态环境影响进行评价的重要指标，在环境效益评价中不可或缺。统计全市及各区县该指标近 5 年变化趋势，对比各区县指标差异，分析指标较高或较低原因，评价不同区县投资建设成效好坏。

（1）指标定义。二氧化碳减排量指项目通过输送清洁能源，折合降低二氧化碳污染物排放量。

（2）指标公式为

二氧化碳减排量 = 新能源发电量或电能替代工程增供电量×燃煤电厂平均二氧化碳排放水平

其中，燃煤电厂平均二氧化碳排放水平可取中电联每年公布数据。

××地区二氧化碳减排量见表 3-70。

表 3-70　　　　　　　　　××地区二氧化碳减排量表

序号	区域	二氧化碳减排量（tCO$_2$）						
		20××年	…	…	…	20××年	平均值	平均增长率（%）
1	市辖							
2	××区							
3	××县							
…	…							
…	…							
…	全市							

（3）指标分析。

从市级指标变化趋势分析。分析近 5 年××市配网整体二氧化碳减排量的变化趋势，阐述指标由最小（大）值到最大（小）值的变化过程及变化值。从指标整体水平评价××市配网二氧化碳减排量指标高低。

从各区县指标变化情况分析。差异化分析近 5 年各区县配网二氧化碳减排量变化趋势，具体阐述哪些区县该指标呈逐年上升（下降）趋势或波动上升（下降）趋势，说明指标变化值或变化区间。

从各区县指标对标情况分析。对比各区县配网二氧化碳减排量与全市平均水平，具体阐述哪些区县该指标高于（低于）全市平均水平。从对标结果定位重点评价区县，分析配网投资在节能减排方面的建设成效。

第七节　县域配电网建设成效后评价分析

一、评价指标分层分析

围绕评价内容可确定对应的核心指标，作为第一层评价指标，然后按照指标的影响因素逐层选取第二层、第三层指标，层层深入剖析配网投资经营管理现状、效益影响制约因素等。

经济效益指标，建立分级指标体系，逐层分析各县域经济效益差异原因及制约因素。第一层为核心指标总资产收益率；第二层指标为影响总资产收益率的核心参数，包括投资利润、资产总额等指标。针对投资利润，按照收入相关、成本相关，建立第三层指标体系。其中收入相关包括年售电量、售电量增长率、单位资产年售电量等指标；成本相关包括单位资产运维、综合线损率等指标。

运行效率指标，建立分级指标体系，逐层分析各县域资产利用效率、运行安全的差异及制约因素。第一层为核心指标配变平均负载率以及配变（线路）过载比例；根据影响负载率以及资产重过载的主要因素，建立第二层指标体系，包括平均运行年限、逾龄资产占比以及户均配变容量等指标；结合线路运行年限主要影响搭建第三层指标线路故障情况；结合配网特点，将电缆化率、绝缘化率作为第四层指标，反映装备水平好坏，进而影响线路故障发生频率等。

建设管理指标，建立分级指标体系，分析配网投资建设进度时间管控及投资额管控。第一层为核心指标投资结余率与进度计划完成率。第二层指标结合影响投资结余率的主要因素，选取设计偏差率等指标。

二、评价指标逐级关联分析

针对相同评价内容，开展县域、供电所、典型工程的评价指标测算与分析工作，按照"宏观-中观-微观"逐级分析并关联，剖析配网投资效益及运营情况，发掘存在的管理薄弱环节。

如，经济效益评价时，"总资产收益率"较低的县域除开展县域相关指标分析外，进一步测算所属范围内供电所"单位资产运维费率""台区线损率"等指标，深入调研实际运维状况，包括运维范围、运维班组安排、运维材料检修等费用管控等，聚焦供电所精益管理维度，从中观层面反映与印证县域经济效益差异；再进一步选取供电所运维范围内典型工程开展"内部收益率""净现值"等经济效益指标测算，深入调研具体工程因负载率、投资管理、用户用电需求等因素对投资效益的影响，从微观层面反映与印证县域经济效益差异。

三、评价指标"四象限应用分析"

因配网投资涉及投资主体多，对核心指标测算结果开展"四象限"分析，在全量指标数据分析的基础上，定位重点评价单位及内容开展深入分析。

1. 经济效益评价

分别以固定资产总额为横坐标，总资产收益率为纵坐标，原点为各县平均值，开展经济效益四象限分析，经济效益四象限分布图如图 3-2 所示。

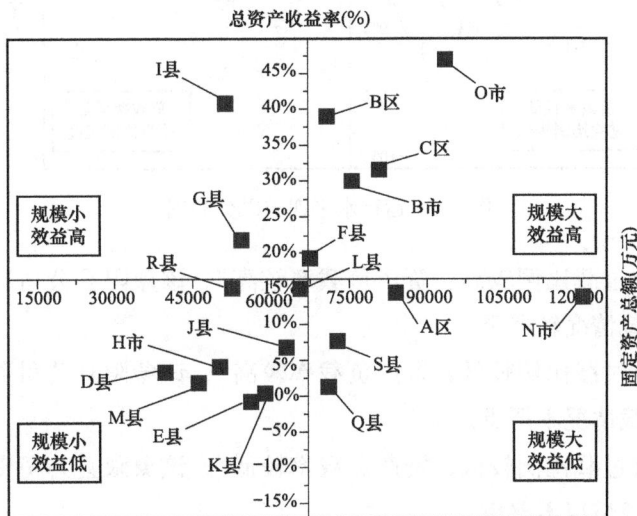

图 3-2　经济效益四象限分布图

第一象限，"固定资产总额高，总资产收益率高"，为规模大，效益高的县公司。
第二象限，"固定资产总额低，总资产收益率高"，为规模小，但是效益高的县公司。
第三象限，"固定资产总额低，总资产收益率低"，为规模小，效益低的县公司。
第四象限，"固定资产总额高，总资产收益率低"，为规模大，但效益低的县公司。

利用上述四象限，重点对第三、第四象限县公司开展效益较低差异分析，即"总资产或总运营收益相同情况下，为何部分县公司总资产收益率较低"。资产总量相近，但收益明显偏低或收益相近，但资产总量明显偏高的县公司，重点分析电量指标、运维费等成本指标的差异；针对电量、运维费差异，分析导致电量较低的主要因素，包括负载率、当地经济发展（用电需求）等指标差异；分析运维费较高的主要因素，包括 10kV 线路百千米故障次数、重复故障线路占比等指标分析。

2. 运行水平评价

以资产重过载比例为横坐标，县域配变平均负载率为纵坐标，原点为各县平均值，开展运行效率及可靠性四象限分析。运行水平四象限分布图如图 3-3 所示。

101

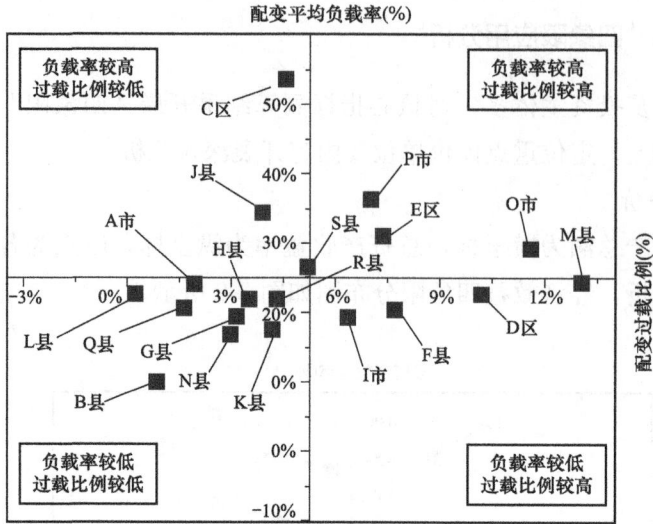

图 3-3　运行水平四象限分布图

第一象限，"重过载比例较高、资产负载率较高"。该象限县公司资产负载率较高的情况下，资产重过载情况较严重。

第二象限，"重过载比例较低、资产负载率较高"。该象限县公司资产负载率较高的情况下，资产重过载情况不严重。

第三象限，"重过载比例较低、资产负载率较低"。该象限县公司资产负载率较低的情况下，资产重过载情况不严重。

第四象限，"重过载比例较高、资产负载率较低"。该象限县公司资产负载率较低的情况下，资产重过载情况严重。

利用上述四象限，重点对第一、第三、第四象限县公司开展投资分析，在优化投资时序、强化网架结构、提高资产利用效率等方面提出针对性管理建议。

根据以上分析内容，从项目的亮点、目标实现情况、取得的成效、存在的问题、发展方向等多个方面综合得到后评价结论，并从行业宏观层面与企业微观层面多方面考量，由评价效果和存在的问题引申提出与之适配的对策与建议。

第四章 配网工程项目后评价体系

第一节 配网工程项目后评价内容

项目后评价是指对已经完成项目的规划目的、执行过程、效果效益、实现程度和影响进行的系统而又客观的分析评价。对于总结项目管理的经验教训、提高项目决策的科学化水平起着至关重要的作用。

在工程竣工验收并投入使用或运营一定时间后，运用规范、科学、系统的评价方法与指标，对项目决策、实施和运营效果做出科学的分析和评判。将工程建成后所达到的实际效果与工程的可行性研究报告、初步设计文件及其审批文件的主要内容进行对比分析，总结项目的预期目标是否达到，项目的规划是否科学合理，项目的主要效益指标是否实现。经过分析评价找出成败的原因，总结经验教训，及时向业主有效反馈信息，为未来项目的决策和提高决策管理水平提出建议，也为被评价项目实施运营中出现的问题提出改进建议，形成良性工程决策机制，从而提高项目投资效益。

按照配网工程投资方向和目标，对配网工程进行类别划分。根据实际情况，配电网工程宜分为网架结构加强、解决线路重过载、解决配电变压器重过载、变电站新出线、满足新增负荷供电、新建（改造）台区满足负荷需求、解决台区电压偏低问题、更换残旧设备或线路、配电自动化/智能化、电动汽车充换电设施、分布式可再生能源配套接入等类别。

配电网的投资类型众多，投资目标和投资方向不同，其投资后评价的判据和优化策略也不尽相同，尤其是经济效益、社会效益、环境效益的不同投资目标维度，在判据设计时注重投资目标的实现程度。针对不同类型配电网项目提出投资成效差异化评判标准能够进一步完善配电网项目后评价体系，使配电网后评价工作更为准确可靠。

本章以县域供电公司范围内，配网投资单体工程项目作为评价对象，对 10kV 及以下配网工程项目开展后评价。坚持"全面系统、重点突出、精简有效、客观真实、普遍适用"原则，开展实施过程、经济效益、运行水平、社会与环境效益与可持续性评价分析，建立多维效益、投资目标全覆盖的后评价指标体系，并提出差异化的投资成效评判标准，科学评价配电网工程投资效益。配网工程项目后评价指标体系，如图 4-1 所示。

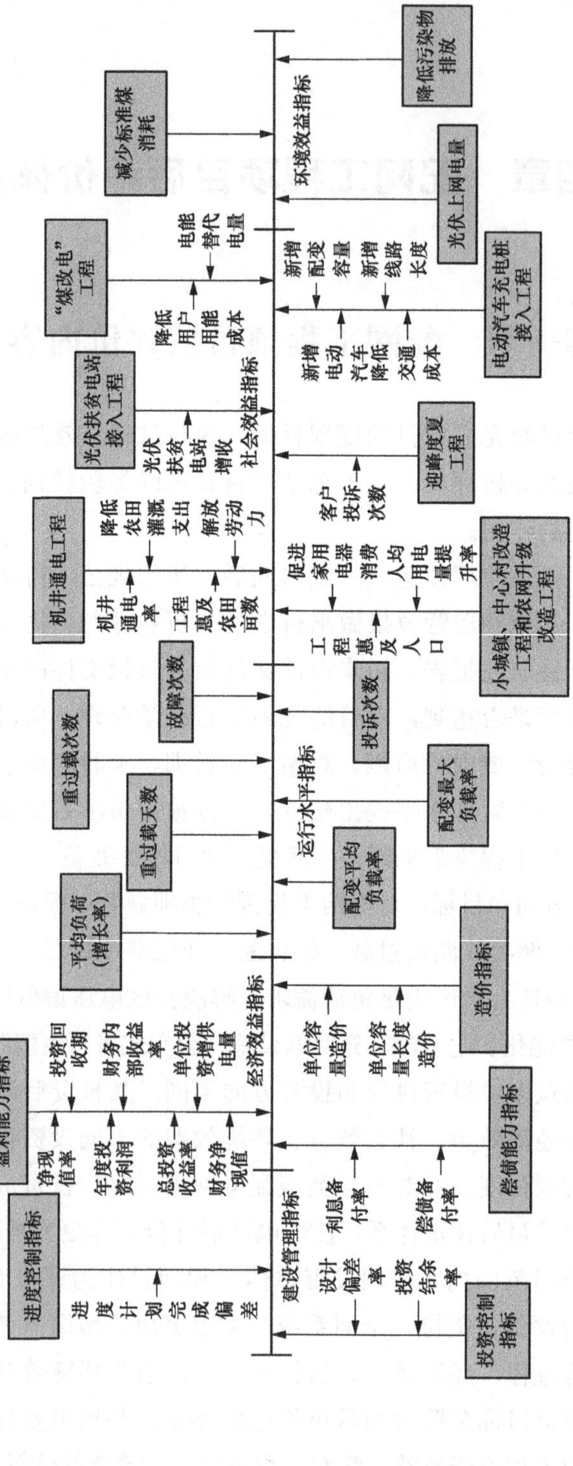

图 4-1 配网工程项目后评价指标体系

第二节 配网工程项目实施过程评价

项目的过程后评价是工程建设项目投资完成后，通过对项目的前期工作、建设实施过程以及建成运行等全生命周期，所产生的实际结果与项目前期可行性研究中预期的结果进行全方位的对比分析和评价。在项目过程评价的工作中，对比前期设计方案、项目估算概算、施工里程碑与运营管理等实施过程进行重点剖析，发现偏差点，找出偏差原因，总结经验教训。

过程中的前期工作后评价：工程的前期工作包括现场勘查、设计立项、工程招投标等。对前期工作的后评价需要评判现场勘查与施工现场是否一致，是否存在漏项或者勘查不细等事项，在项目立项中，项目建设必要性是否充分，立项是否有充足的立项依据；项目设计是否满足实际用户的负荷需求、可靠性要求以及设备选型是否先进、是否具有先进性和经济性，项目投资估算与竣工决算差距等具体方面进行评价。其意义在于前期与实施过程中对比发现其中的偏差原因，对各阶段存在的差距形成对策，以指导后续其他工作的实施。

前期决策评价的主要目的是通过项目规划、可行性研究报告与项目实施后情况的对比，重点对项目建设投资、建设规模、外部环境的一致性、科学性、合理性及建设程序的符合性进行评价。

过程中的实施后评价：在项目实施的全过程中，是项目从设计到落地的重要环节。项目的成功与否，关键在于实施过程能够按照里程碑计划一步一积累地推进，包括了项目开工报审、施工建设、施工监理、调试检测、竣工验收报批、过程资料归档等实施全过程。是集合了人力、物力、财力三者资源，并且逐步形成固定资产的阶段。对项目建设能够达到预期目标起到重要支撑作用。实施过程中主要检测施工日志是否能够按照里程碑计划施行，监理日志的记录对关键流程的监测到位情况等环节。

管理水平后评价：项目建设的全过程需要建设方各部门的协力管控。项目的管理水平反映到对人力、物力资源的合理分配。是对项目建设的安全风险、合规性情况的把控，需要项目管理者能够处理建设过程中遇到的突发问题，保证项目建设依法合规。

一、可行性研究评价

1. 可研编制科学性与完整性分析

（1）可研内容完整性。主要评价可研报告中各类要素是否完整，是否清晰阐述和反映了项目的电网规划、项目概况、投资必要性、财务合规性、可研经济性、技术方案可行性等；是否对缓解负荷、网架结构、社会效益、环境效益、经济效益等项目建设的主要目的进行有针对性的阐述。

（2）可研编制科学性。主要评价项目是否按照有关行业标准、公司标准、设计规范编制可行性研究报告；可研报告涉及的各类资料和数据是否充分、完整，项目可行性研究报告或项目建议书中是否有明确的量化数据，可研报告中是否有明确的效益或投入目标等；可研是否开展风险因素分析，例如各类政策因素、环境变化对投资的影响等。

2. 可研差异分析

（1）可研一致性分析。

1）可研规划一致性。项目是否纳入公司电网规划；纳入规划的项目，将规划建设规模及主要技术方案与可行性研究进行对比，包括建设地点、建设规模、建设及投产时间、总投资，分析差异变化，说明变化原因，评价项目可研规划合理性。项目可研规划一致率指标统计表，见表 4-1。

表 4-1　　　　　　　　　　项目可研规划一致率指标统计表

项目		规划	可研批复	差异情况
	建设地点			
建设规模	配变容量（kVA）			
	10kV 线路长度（km）			
	建设时间			
	投产时间			
	总投资（万元）			

2）可研初设一致性。将可行性研究建设规模及主要技术方案与初设批复进行对比，包括建设规模、接线形式、设备选型，分析差异变化，说明变化原因，评价项目可行性研究合理性。项目可研初设一致率指标统计表，见表 4-2。

表 4-2　　　　　　　　　　项目可研初设一致率指标统计表

项目		可研批复	初设批复	差异情况
一、配电工程				
配电变压器容量	本期（MVA）			
	最终（MVA）			
配变型号				
回路配电形式	回路数（回）			
	配电装置形式			
占地	征地面积（m²）			
	站区占地（m²）			
	建筑面积（m²）			

项目		可研批复	初设批复	差异情况
投资	静态总投资（万元）			
	动态总投资（万元）			
	单位投资（元/kVA）			
二、架空线路工程				
起止点	起点			
	终点			
线路长度				
电压等级及回路数	电压等级（kV）			
	回路数（回）			
导线型号				
地线型号				
投资	静态总投资（万元）			
	动态总投资（万元）			
	单位投资（万元/km）			
三、电缆线路工程				
起止点	起点			
	终点			
线路长度				
电压等级及回路数	电压等级（kV）			
	回路数（回）			
电缆截面及芯数	电缆截面（mm^2）			
	芯数（芯）			
投资	静态总投资（万元）			
	动态总投资（万元）			
	单位投资（万元/km）			

3）可研实际一致性。将可行性研究建设投资金额、投资规模与实际建设情况进行比较，分析差异变化，说明变化原因，评价项目可行性研究准确性。项目可研实际一致率指标统计表，见表 4-3。

表 4-3　　　　　　　　　　项目可研实际一致率指标统计表

项目		可研批复	实际情况	差异情况
项目总体情况				
建设地点				
建设规模	配变容量（kVA）			
	10kV 线路长度（km）			
建设时间				
投产时间				

续表

项目		可研批复	实际情况	差异情况
总投资（万元）				
一、变电工程				
主变压器容量	本期（MVA）			
	最终（MVA）			
主变型号				
回路配电形式	回路数（回）			
	配电装置形式			
占地	征地面积（m^2）			
	站区占地（m^2）			
	建筑面积（m^2）			
投资	静态总投资（万元）			
	动态总投资（万元）			
	单位投资（元/kVA）			
二、架空线路工程				
起止点	起点			
	终点			
线路长度				
电压等级及回路数	电压等级（kV）			
	回路数（回）			
导线型号				
地线型号				
投资	静态总投资（万元）			
	动态总投资（万元）			
	单位投资（万元/km）			
三、电缆线路工程				
起止点	起点			
	终点			
线路长度				
电压等级及回路数	电压等级（kV）			
	回路数（回）			
电缆截面及芯数	电缆截面（mm^2）			
	芯数（芯）			
投资	静态总投资（万元）			
	动态总投资（万元）			
	单位投资（万元/km）			

（2）工期比较分析。主要评价项目建设工期的合理性，开展可研预期建设工期与实际工期差异，分析差异原因以及对造价的影响。项目工期分析统计表见表 4-4。

表 4-4　　　　　　　　　　　　项目工期分析统计表

序号	项目	可研预期	实际情况	差异情况
	项目整体			
1	开工日期			
2	竣工日期			
3	工期（月）			
	其中：配变工程			
4	开工日期			
5	竣工日期			
6	工期（月）			
	其中：线路工程			
7	开工日期			
8	竣工日期			
9	工期（月）			

（3）技术方案分析。主要评价项目技术方案设计科学性，从质量、安全、经济等方面全面考虑设计技术方案，建设项目在工艺技术可行性、经济合理性及决定项目规模、原材料供应、技术装备水平、成本收益等方面的设计目标；项目实际情况是否与可研报告技术设计一致，并分析差异变化。项目可研技术方案设计与实际情况对比分析表见表 4-5。

表 4-5　　　　　　　项目可研技术方案设计与实际情况对比分析表

序号	内容	可研技术方案设计	实际情况	差异情况
一	电力系统一次			
1	系统接入方案			
2	系统运行方式			
3	系统电气主接线			
4	…			
二	电力系统二次			
1	系统继电保护			
2	系统调度自动化			
3	…			
三	其他			
1	主要设备选择			
2	配电装置布置			
3	变电站进出线			
4	…			

3. 程序、流程执行情况

对项目前期工作、核准立项情况等进行梳理，评价工作程序是否规范、是否符合国家或地方政府投资主管部门相关的规定。具体包括工作内容是否全面、工作周期进度是否科学合理、项目核准或批准申请材料是否齐全等。项目前期核准批准程序一览表见表 4-6。

表 4-6　　　　　　　　　　　项目前期核准批准程序一览表

序号	项目	完成/取得时间	文号	部门/单位
1	选址选线报告编制			
2	选址选线批复			
3	城市规划行政主管部门出具的城市规划意见			
4	国土资源行政主管部门出具的项目用地预审意见			
5	环境保护行政主管部门出具的环境影响评价文件的审批意见			
6	地质灾害评估			
7	水土保持评估			
8	覆压矿产资源			
9	可行性研究报告编制			
10	可行性研究报告评价			
11	可行性研究报告批复			
12	…			
13	核准申请报告			
14	项目核准			

根据国家能源局发布的《配电网可行性研究报告内容深度规定》（DL/T 5534—2017），配电网项目可行性研究报告编制内容要求，见表 4-7。

表 4-7　　　　　　　　　　配电网项目可行性研究报告编制内容要求

基本规定	编制依据	国家、行业有关规程、规范
		国家的技术政策和产业政策
		配电网规划
		工作任务的依据，经批准或上报的前期工作审查文件或指导性文件
		电力部门答复意见等
	工程概况	对改扩建工程简述前期工作情况
		近期电力网络
		工程电压等级、设备选型原则、主要工程量、线路回路数、长度、导线截面积电缆通道情况
		配电站进出线规模、方向、与已建和拟建线路的相互关系
		配电站地理与网络位置

基本规定	主要设计原则	各专业的主要设计原则、特点及指导思想
		采用新技术及标准化情况
		根据电网规划合理选定工程设计及远景水平年
	设计范围	工程设计的界限
		与外部协作项目的设计分工界限
		对改扩建工程说明前期工程情况与本期建设的衔接
配电网络		配电网现状及规划
		建设必要性
		接入系统方案
		电气计算
		无功补偿及电能质量要求
配电网二次		继电保护
		配电自动化
		电能计量采集
		通信
		状态监测
配电站		站址
		工程设想
架空线路		线路路径
		工程设想
电缆线路		电缆路径和通道
		工程设想
主要工程量清单		—
图纸		应提供图纸
		图纸深度要求
投资估算		—
附件		—

二、建设管理评价

建设实施阶段是项目财力、物力集中投入和消耗的阶段，对工程是否能发挥投资效益具有重要意义。项目建设实施评价的主要目的是通过对建设组织以及竣工阶段的管理工作进行回顾，考察管理措施是否合理有效，预期的控制目标是否达到。配网工程项目建设管理评价内容包括进度计划完成情况、投资控制情况以及设计偏差情况。

1. 进度计划完成情况评价

配电网工程项目工期任务是指建设工程项目按照规定的设计、施工进度计划和任务书中要求完成的各项任务和业务。进度计划任务完成情况评价需要从计划、执行、监督、控制等方面进行评价，分析工期任务完成进度，排查延迟原因，并指导现场管理人员提高项目实施的快捷性、高效性。

配网工程项目整体实施进度统计见表 4-8。

表 4-8 配网工程项目整体实施进度统计表

阶段	序号	事件名称	时间	依据文件
前期决策	1	下达投资计划	××年××月××日	投资计划下达或调整通知
	2	下达批复文件	××年××月××日	核准文件
开工准备	1	设计招标	××年××月××日	招标文件
	2	施工招标	××年××月××日	招标文件
	3	监理招标	××年××月××日	招标文件
	4	初设评审	××年××月××日	评审意见
建设实施	1	工程开工	××年××月××日	工程开工报告
竣工验收	1	工程验收	××年××月××日	工程总结、监理工作总结
投运	1	工程投产	××年××月××日	启动投产签证书
结算阶段	1	工程结算审定	××年××月××日	工程结算审核报告
决算阶段	1	财务决算报告审核	××年××月××日	工程竣工决算审核报告

××地区配网工程项目建设进度情况见表 4-9。

表 4-9 ××地区配网工程项目建设进度情况表

序号	项目名称	项目编码	计划开工时间	计划竣工时间	实际开工时间	实际竣工时间	完工偏差
1							
2							
...							

查阅配电网工程项目开工报告、竣工报告等，详细梳理配电网工程项目施工阶段进度控制情况，对比工程实际工期与计划工期的偏差程度，分析评价工程施工进度控制是否符合电网公司规定要求。对于工期偏差较大的配电网工程项目，详细分析工程工期偏差原因。

2. 投资控制情况评价

配电网工程项目投资控制评价主要是为了考察配电网工程的投资控制情况。主要是对配电网工程的可研估算投资、批复概算投资以及决算投资进行统计汇总，得出被评项目中投资超支项目和投资节余项目的数量，并对投资超支和节余较大的项目进行原因分析。

$$投资结余率 = \frac{批复概算金额 - 竣工决算金额}{批复概算金额} \times 100\%$$

××地区配网工程项目投资控制情况见表 4-10。

表 4-10　　　　　　　　　　××地区配网工程项目投资控制情况表

序号	项目名称	项目编码	可研估算（万元）	批复概算（万元）	竣工决算（万元）	超支（结余）金额（万元）	投资结余率（％）
1							
2							
...							

查阅配电网工程项目的可研估算投资、批复概算投资以及决算投资，进行差异对比得出项目的投资超支/节余率。项目投资的安排计划会直接影响到项目建设所产生的效益，这就需要将项目立项时的项目估算、初步设计的项目概算以及竣工时的项目决算进行对比分析，从三者的变化情况找出原因，对投资的使用情况、分配侧重变化进行梳理，判断出项目投资所产生的效益的主要影响因素、资金的构成造成的影响、投资的使用方案等方面。

3. 设计偏差情况评价

配电网工程项目设计偏差评价，主要评价设计偏差范围，包括施工设计偏差率与物资设计偏差率，对比中标工程量与结算工程量差异，分析偏差发生的原因和设计变更手续的完备性，反映设计质量。

$$施工设计偏差率 = \frac{施工结算金额 - 施工中标金额}{施工中标金额} \times 100\%$$

$$物资设计偏差率 = \frac{物资结算金额 - 物资中标金额}{物资中标金额} \times 100\%$$

××地区配网工程项目设计偏差情况见表 4-11。

表 4-11　　　　　　　　　　××地区配网工程项目设计偏差情况表

序号	项目名称	项目编码	施工中标金额（万元）	施工结算金额（万元）	施工设计偏差率（％）	物资中标金额（万元）	物资结算金额（万元）	物资设计偏差率（％）
1								
2								
...								

查阅配电网工程项目设计变更单，统计设计变更类型、金额，分析设计变更原因及偏差影响，评价设计变更流程的规范性。

根据以上各项评价，对配电网工程建设实施进行概括性汇总，得出综合评价结论。

配网工程项目建设管理评价依据见表 4-12。

表 4-12 　　　　　　　　　　配网工程项目建设管理评价依据表

序号	评价内容	评价依据	
		国家、行业、企业相关规定	项目基础资料
1	进度计划完成情况	各电网公司配电网工程进度计划管理办法	（1）工程一级进度计划 （2）工程开工报告 （3）竣工验收报告
2	投资控制情况	（1）国务院关于调整和完善固定资产投资项目试行资本金制度的通知（国发〔2015〕51） （2）建设工程价款结算暂行办法（财建〔2004〕369号）的通知 （3）各电网公司关于工程资金管理办法 （4）各电网公司关于输变电工程结算管理办法 （5）各电网公司关于工程工决算报告编制办法 （6）各电网公司配电网工程造价管理办法	（1）批复可研估算书 （2）批复初设概算书 （3）结算报告及附表、相应的审报告及明细表 （4）竣工财务决算报告及附表
3	设计偏差情况	各电网公司设计变更管理办法	设计变更单

第三节　配网工程项目经济效益评价

配网工程项目的经济效益评价是对后评价时点以前年度项目实际发生的效益与费用加以核实，并对后评价时点以后的效益与费用进行预测。项目经济效益后评价一般采用前后对比法，并与行业基准收益率或项目贷款利率对比，对配网项目的实施效果加以评价，并从中找出存在的问题及产生问题的原因。

项目后评价数据选取的原则是对已发生的财务现金流量和经济流量采用实际值，对后评价时点以后的流量采用根据已发生的财务数据和经济发展形势预测的数据。以运行实际数据为基础，测算整个生命周期内的各项财务数据，从而计算主要的效益指标，通过与项目立项预测的相关效益指标进行对比分析，找出偏差的原因，进而总结经验教训，改善项目里程碑计划安排和投资计划安排的合理性。经济效益评价通过投资增量效益的分析，突出项目对企业效益的作用和影响。通过财务数据，判断出投资决策的合理性、投资回报的程度如何。需要计算并汇总项目从投产到后评价时点的各年实际收入、成本费用、税费利润水平等指标，与前期的预测目标值以及各项目之间进行比较。

一、配网工程经济收益测算

前面县域配电网收益测算中，以电网资产对电量传输的贡献为出发点，通过传输电量分配的方式得到了归属于县域配电网年度投资所带来的收益。县域配电网收益来自于所辖范围内工程投资所带来的产出，考虑配电网工程资产与电量对项目收益贡献，本节在县域配电网经济效益测算结果的基础上,继续分摊得出单体工程项目的投资收益。

1. 配网工程收益测算

根据各配电网工程项目的售电量占比,将县级电网所管辖的资产总额以及分配得到的上级电网资产份额,分配至配电网工程项目,其中,县级电网一般管辖 10kV 及以下电压等级资产

$$X_{w,j,l,m} = \frac{Q_{w,j,l,m}}{Q_{w,j,l}} \times \left[T_{w,j,l} + \frac{O_{w,j,l}}{O_{w,j}} \times \left(Z_{w,j} + \frac{U_{w,j}}{U_w} \times W \right) \right] \tag{4-1}$$

式中:$X_{w,j,l,m}$ 表示 l 县域中 m 配电网工程从上级电网(包括省级电网、市级电网与县级电网)分配得到的资产份额;$Q_{w,j,l}$ 表示 l 个县级电网向所辖范围内各配电网工程传导的电量;$Q_{w,j,l,m}$ 表示 l 县域中 m 配电网工程的售电量;$T_{w,j,l}$ 表示 l 县级电网所管辖的资产总额。

根据配电网工程从上级电网分配得到的资产份额,考虑电网资产对盈利能力的贡献,设定配电网工程项目收入分摊系数

$$\alpha_{w,j,l,m} = \frac{V_{w,j,l,m}}{\frac{Q_{w,j,l,m}}{Q_{w,j,l}} \times \left[T_{w,j,l} + \frac{O_{w,j,l}}{O_{w,j}} \times \left(Z_{w,j} + \frac{U_{w,j}}{U_w} \times W \right) \right] + V_{w,j,l,m}} \tag{4-2}$$

式中:$\alpha_{w,j,l,m}$ 表示 l 县域中 m 配电网工程的收入分摊系数;$V_{w,j,l,m}$ 表示 l 县域中 m 配电网工程投资形成的固定资产。

将配电网工程售电收入乘以收入分摊系数,得出工程项目实际售电收入

$$B_{w,j,l,m} = Q_{w,j,l,m} \times P \times \alpha_{w,j,l,m} \tag{4-3}$$

式中:$B_{w,j,l,m}$ 表示 l 县域中 m 配电网工程经过收入分摊换算后的实际售电收入;P 表示输配电价。

对于工程项目未来年份的售电量,通过工程所在县域年售电量平均增长率进行预测

$$Q_{w,j,l,m}^n = Q_{w,j,l,m}^{n-1} \times (1 + \gamma_{w,j,l}) \tag{4-4}$$

式中:$Q_{w,j,l,m}^n$ 表示 l 县域中 m 配电网工程的第 n 年售电量;$\gamma_{w,j,l}$ 表示 m 工程所在 l 县域的年售电量平均增长率。

同时,对于工程未来年份新增电量的预测,设定阈值上限确保项目运营符合实际情况。当工程某一年份新增电量预测值开始超出阈值上限时,该年份及计算周期内的其余年份新增电量均等于阈值上限

$$\begin{cases} Q_{w,j,l,m}^{\max} = \eta_{w,j,l} \times h \times C_{w,j,l,m} \times 功率因数 \\ Q_{w,j,l,m}^n \leqslant Q_{w,j,l,m}^{\max} \end{cases} \tag{4-5}$$

式中:$Q_{w,j,l,m}^{\max}$ 表示 l 县域中 m 配电网工程的年售电量阈值上限;$\eta_{w,j,l}$ 表示项目所在 l 县域配电网的配变平均负载率;$C_{w,j,l,m}$ 表示 m 工程项目所投产的配变容量;h 表示

工程年运营小时数。

然后将配电网工程项目年售电量乘以单位电量成本系数得出年售电成本

$$C_{w,j,l,m} = Q_{w,j,l,m} \times \gamma_{w,j,l} \tag{4-6}$$

式中：$C_{w,j,l,m}$ 表示 l 县域中 m 配电网工程的售电成本；$\gamma_{w,j,l}$ 表示 l 县域中配电网单位电量成本比例系数。

最后，测算配电网工程项目净现金流量，计算财务净现值、净现值率经济效益指标

$$FNPV = \sum_{n=1}^{t} (CI - CO)_n (1+i)^{-n} = \sum_{n=1}^{t} (R_{w,j,l,m} - C_{w,j,l,m})_n (1+i)^{-n} \tag{4-7}$$

式中：$FNPV$ 表示财务净现值；CI 表示工程项目各年净现金流入量；CO 表示工程项目各年净现金流出量；t 为工程项目计算期；i 为工程项目的基准收益率。

$$FNPVr = \frac{FNPV}{SI} = \frac{\sum_{n=1}^{t} (R_{w,j,l,m} - C_{w,j,l,m})_n (1+i)^{-n}}{SI} \tag{4-8}$$

式中：$FNPVr$ 表示净现值率；SI 表示工程项目投资。

根据上式计算得出 l 县域中 m 配电网工程的经济评价指标财务净现值 $FNPV$ 与净现值率 $FNPVr$。

2. 经济效益差异化评判标准

通过对配网工程项目经济效益指标进行筛选，采用可以横向对比的指标净现值率，差异化评价不同工程项目的经济效益。

对县域工程项目经济效益计算及统计分析，梳理得到不同类型配电网投资工程经济效益评价指标净现值率的取值范围。

根据各类配网项目统计结果，计算各类型配电网工程净现值率的期望 E 和标准差 σ。

当数据离散程度较大，存在明显异常数据时，将同类型配网工程中净现值率小于 $E-\sigma$ 和净现值率大于 $E+\sigma$ 的数据作为噪声数据剔除，并将去除噪声数据后的统计结果从大到小排序，计算修正后的期望 E_1 与 σ_1。

进而设定净现值率大于等于 $E_1+\sigma_1$ 的项目评价结果为优（当 $E_1+\sigma_1<0$ 时，评价为优的阈值修正为 0），大于等于 E_1 但小于 $E_1+\sigma_1$ 之间的项目评价结果为良，大于等于 $E_1-\sigma_1$ 但小于 E_1 的项目评价结果为中，其余评价结果为差，并分别给出不同类型配网工程净现值率修正后的期望。

二、指标体系构建

根据配网工程的行业特点，从盈利能力、偿债水平与造价水平多个方面构建配网工程项目经济效益后评价指标体系。配网工程项目经济效益后评价指标体系，见表 4-13。

表 4-13   配网工程项目经济效益后评价指标体系

一级维度	二级维度	指标名称
经济效益指标	盈利能力指标	年度投资利润
		财务内部收益率
		财务净现值
		净现值率
		投资回收期
		总投资收益率
		单位投资增供电量
	偿债能力指标	利息备付率
		偿债备付率
	造价指标	单位容量造价
		单位容量长度造价

1. 盈利能力指标

（1）年度投资利润。年度投资利润是反映项目投运期间盈利能力的一项重要指标。计算区域内配网项目年度投资利润，研判项目经济效益，通过对比各项目指标差异，分析指标较高或较低的原因，评价不同项目投资建设成效好坏。

1）指标定义。年度投资利润指项目投产后每年贡献的售电收入扣除项目运营成本后的余额。

2）指标公式为

$$项目投资利润 = 项目售电收入 - 项目运营成本$$

3）评价标准。若投资净利润大于 0 且越大，表明配网工程盈利能力越强。

××地区配网工程项目年度投资利润见表 4-14。

表 4-14   ××地区配网工程项目年度投资利润表

序号	项目名称	项目编码	年度投资利润（万元）
1			
2			
...			

（2）财务内部收益率。财务内部收益率是进行经济效益评价时主要的动态评价指标，是项目投资者对项目收益的预期利润率，反映了项目投资者在进行项目决策时，资金用途、预期利润不同的思维方式。计算区域内配网项目财务内部收益率，研判项目经济效益，通过对比各项目指标差异，分析指标较高或较低原因，评价不同项目投资建设成效好坏。

1) 指标定义。财务内部收益率指项目在全生命周期内净现金流量的现值之和为零时的折现率，即项目的财务净现值折现为零时的折现率。现金流出为总投资、后续各类经营成本支出及税费。

2) 指标公式为

$$\sum_{t=1}^{n} (CI-CO)_t (1+FIRR)^{-t} = 0$$

式中：$FIRR$ 为项目财务内部收益率；CI 为项目各年现金流入量；CO 为项目各年现金流出量；n 为项目计算期。

3) 评价标准。一般而言，若内部收益率大于或等于可研预期水平，则达到或超过可研预期，否则未达预期目标。同时，项目的财务内部收益率应与行业的基准收益率（i_c）进行比较，当 $FIRR \geqslant i_c$ 时，则表明项目对盈利具有正的贡献绩效。同时，还可通过给定期望的财务内部收益率，来测算项目的电量电价和容量电价，并与政府主管部门发布的现行输配电价收取标准进行比较，由此判断财务的可行性。

××地区配网工程项目财务内部收益率见表 4-15。

表 4-15 ××地区配网工程项目财务内部收益率表

序号	项目名称	项目编码	财务内部收益率（%）
1			
2			
…			

（3）财务净现值。财务净现值是反映项目在计算期内获利能力的动态评价指标。计算区域内配网项目财务净现值，研判项目经济效益，通过对比各项目指标差异，分析指标较高或较低的原因，评价不同项目投资建设成效好坏。

1) 指标定义。财务净现值指项目按配网项目的基准收益率或设定的目标收益率，将项目计算期内各年的净现金流量折算到建设期初的现值总和。

2) 指标公式为

$$FNPV = \sum_{t=1}^{n} CF_t (1+i)^{-t}$$

式中：$FNPV$ 为财务净现值；CF_t 为各期的净现金流量；n 为项目计算期；i 为项目的基准收益率或目标收益率。

3) 评价标准。当净现值大于或等于零时，项目在经济上是可行的，而财务净现值越大，项目的盈利水平也就越高。项目财务净现值应达到可研预期、公司或同类项目平均水平。

××地区配网工程项目财务净现值见表 4-16。

表 4-16   ××地区配网工程项目财务净现值表

序号	项目名称	项目编码	财务净现值（万元）
1			
2			
...			

（4）净现值率。净现值率是指项目净现值与原始投资现值的比率，是一种动态投资收益指标，便于衡量不同配网投资项目的获利能力大小。计算区域内配网项目净现值率，研判项目经济效益，通过对比各项目该指标的差异，分析指标较高或较低的原因，评价不同项目投资建设成效好坏。

1）指标定义。计算期内项目单位投资所产生的净现值，反映项目盈利能力。

2）计算公式为

$$FNPVr = \frac{FNPV}{SI}$$

式中：$FNPVr$ 为项目净现值率；$FNPV$ 为项目净现值；SI 为项目静态投资。

3）评价标准。项目净现值率越大，项目投资效率越高。

××地区配网工程项目投资回收期见表 4-17。

表 4-17   ××地区配网工程项目投资回收期表

序号	项目名称	项目编码	净现值率（%）
1			
2			
...			

（5）投资回收期。

1）指标定义。项目投资回收期是项目净收益回收项目初始投资所需要的时间，具体来说也就是累计净现金流量由负值变为零的时点。

2）指标公式为

$$\sum_{t=1}^{P_t} (CI - CO)_t = 0$$

投资回收期也可用项目现金流量表中累计净现金流量计算求出，即动态投资回收期，计算公式如下

$$\sum_{t=1}^{P_t'} (CI - CO)_t (1+i)^{-t} = 0$$

式中：CI 为项目各年现金流入量；CO 为项目各年现金流出量；P_t 为项目静态投资回收期；P_t' 为项目动态投资回收期；i 为项目的基准收益率或目标收益率。

3）评价标准。项目的投资回收期越短，项目盈利能力越强；同时也是评价项目风险的重要指标，项目的投资回收期越短，投资风险越小。项目投资回收期应达到可研预期、行业标准、公司或同类项目的平均水平。

××地区配网工程项目投资回收期见表 4-18。

表 4-18   ××地区配网工程项目投资回收期表

序号	项目名称	项目编码	项目投资回收期（年）
1			
2			
...			

（6）总投资收益率。总投资收益率体现了总投资的盈利水平。计算区域内配网项目总投资收益率，研判项目经济效益，通过对比各项目指标差异，分析指标较高或较低的原因，评价不同项目投资建设成效好坏。

1）指标定义。总投资收益率又名投资报酬率，是运营期平均息税前利润（$EBIT$）占项目总投资（TI）的百分比。

2）指标公式为

$$ROI = \frac{EBIT}{TI} \times 100\%$$

式中：ROI 为总投资收益率；$EBIT$ 为运营期内平均息税前利润；TI 为项目总投资，是动态投资和生产流动资金之和。

3）评价标准。一般来说，总投资收益率高于可研预期、行业标准、公司或同类项目平均水平的收益率时，认为项目的盈利能力较强，能够满足投资者对于项目的预期。

××地区配网工程项目总投资收益率见表 4-19。

表 4-19   ××地区配网工程项目总投资收益率表

序号	项目名称	项目编码	总投资收益率（%）
1			
2			
...			

（7）单位投资增供电量。单位投资增供电量是从边际角度考察项目投资电量的收益情况。计算区域内配网项目单位投资增供电量，研判项目经济效益，通过对比各项目指标差异，分析指标较高或较低的原因，评价不同项目投资建设成效好坏。

1）指标定义。单位投资增供电量是年度新增配电网供电量和年度新增配电网投资总额的比值，即每增加一单位投资能带来的配电网工程供电增量。

2）计算公式为

$$单位配电网投资增供电量 = \frac{年度新增配电网供电量}{年度新增配电网投资总额}$$

式中，项目增供电量选取项目运营期内增供电量的年平均值减去项目建成前最后一个完整会计年的供电量得到。

3）评价标准。若单位投资增供电量大于公司整体水平，则表明项目对公司盈利具有正的贡献绩效。项目的单位投资增供电量应达到行业标准、公司平均水平。

××地区配网工程项目单位投资增供电量见表 4-20。

表 4-20　　　　　　　　××地区配网工程项目单位投资增供电量表

序号	项目名称	项目编码	单位投资增供电量（kWh/元）
1			
2			
...			

2. 偿债能力指标

（1）利息备付率。利息备付率体现的是项目现金流对利息偿还的保障程度，反映了保障性资金的充裕程度。计算区域内配网项目利息备付率，研判项目经济效益，通过对比各项目指标差异，分析指标较高或较低的原因，评价不同项目投资建设成效好坏。

1）指标定义。利息备付率又称已获利息倍数，指项目在借款偿还期内各年可用于支付利息的息税前利润与当期应付利息的比值。

2）指标公式为

$$ICR = \frac{EBIT}{PI}$$

式中：ICR 为利息备付率；$EBIT$ 为息税前利润；PI 为计入总成本费用的当期应付利息。

3）评价标准。一般情况下，利息备付率不宜低于 2。利息备付率越高，项目偿债能力也就越强。项目的利息备付率应达到可研预期、行业标准、公司或同类项目平均水平。

××地区配网工程项目利息备付率见表 4-21。

表 4-21　　　　　　　　××地区配网工程项目利息备付率表

序号	项目名称	项目编码	利息备付率（%）
1			
2			
...			

（2）偿债备付率。偿债备付率体现了项目获利产生的可用资金对偿还到期债务本息

的保证程度，反映了保障性资金的充裕程度。计算区域内配网项目偿债备付率，研判项目经济效益，通过对比各项目指标差异，分析指标较高或较低原因，评价不同项目投资建设成效好坏。

1）指标定义。偿债备付率又称偿债覆盖率，是指项目在借款偿还期内各年可用于还本付息的资金与当期应还本付息金额的比值。

2）指标公式为

$$DSCR = \frac{(EBITAD - TAX)}{PD}$$

式中：$DSCR$ 为偿债备付率；$EBITAD$ 为息税前利润加折旧和摊销；TAX 为企业所得税；PD 为应还本付息金额，包括还本金额和计入总成本费用的全部利息。融资租赁费用可视同借款偿还。运营期内的短期借款本息也应纳入计算。

3）评价标准。偿债备付率不应小于 1.2。偿债备付率越高，偿债能力越高，融资能力越强。项目的偿债备付率应达到可研预期、行业标准、公司或同类项目平均水平。

××地区配网工程项目偿债备付率见表 4-22。

表 4-22　　　　　　　　　　××地区配网工程项目偿债备付率表

序号	项目名称	项目编码	偿债备付率（%）
1			
2			
…			

3. 造价指标

由于建设工程项目涉及多个环节，如设计、施工、监察等，因此造价执行情况的评价需要掌握诸如投资支出情况、用料情况、价格及效益情况、费用管理是否科学和合理等多项指标。

（1）单位容量造价。单位容量造价是对配网工程投资成本情况进行评价。计算区域内配网项目单位容量造价，研判项目经济效益，通过对比各项目指标差异，分析指标较高或较低原因，评价不同项目投资建设成效好坏。造价执行是衡量建设工程项目实施效果的重要指标之一。

1）指标定义。单位容量造价指工程竣工决算投资额与总容量的比值。

2）指标公式为

$$单位容量造价 = \frac{工程竣工决算投资额}{工程总容量}$$

3）评价标准。预算控制价、同一电压等级平均单位造价。

××地区配网工程项目单位容量造价见表 4-23。

表 4-23　　　　　　　　××地区配网工程项目单位容量造价表

序号	项目名称	项目编码	单位容量造价（元/kVA）
1			
2			
...			

（2）单位容量长度造价。单位容量长度造价是对配网工程投资成本情况进行评价。计算区域内配网项目单位容量长度造价，研判项目经济效益，通过对比各项目指标差异，分析指标较高或较低原因，评价不同项目投资建设成效好坏。

1）指标定义。单位容量长度造价指工程竣工决算投资额与总长度的比值。

2）指标公式为

$$单位容量长度造价 = \frac{工程竣工决算投资额}{工程经济输送容量 \times 线路总长度}$$

$$线路经济输送容量 = \sqrt{3}UI\cos\varphi$$

式中：U 为额定电压；I 为额定电流；$\cos\varphi$ 为功率因数。

3）评价标准。预算控制价、同一电压等级平均单位造价。

××地区配网工程项目单位容量长度造价见表 4-24。

表 4-24　　　　　　　××地区配网工程项目单位容量长度造价表

序号	项目名称	项目编码	单位容量长度造价（元/kVA·km）
1			
2			
...			

第四节　配网工程项目运行水平评价

配网工程项目运行水平后评价主要内容包括：根据国家颁布的各项电网技术参数，对配网项目建成前后的电网发展、电网结构、系统安全稳定等方面的各种技术指标进行对比分析。对比工程建设目的，评价工程的运行效果是否实现前期决策目标，找出差异并分析其原因，分析项目建成对整个电网的作用，分析它对于以后改扩建产生的影响，并总结经验教训。

根据配网工程的行业特点，从配变负载率、故障发生次数与投诉次数等多个方面构建配网工程项目运行水平后评价指标体系。配网工程项目运行水平后评价指标体系，见表 4-25。

表 4-25   配网工程项目运行水平后评价指标体系

一级维度	指标名称
运行水平指标	平均负荷（增长率）
	配变平均负载率
	配变最大负载率
	重过载天数
	重过载次数
	故障次数
	投诉次数

1. 平均负荷（增长率）

计算区域内配网项目平均负荷，研判项目安全运行水平，通过对比各项目指标差异，分析指标较高或较低原因，评价不同项目安全运行效果好坏。

（1）指标定义。平均负荷指在规定的时间内，电厂从发电机母线送出的总电量与该段时间之比。

（2）指标公式为

$$平均负荷增长率 = 年供电量 / 年利用小时数$$

$$平均负荷增长率 = [(下一年平均负荷 / 上一年平均负荷) - 1] \times 100\%$$

（3）评价标准。参照省公司同电压等级指标水平、规划目标综合评审。

××地区配网工程项目平均负荷见表 4-26。

表 4-26   ××地区配网工程项目平均负荷表

序号	项目名称	项目编码	平均负荷（kW）	平均负荷增长率（%）
1				
2				
...				

2. 配变平均负载率

配变平均负载率是评价配网项目运行情况的重要指标之一，对于提高配网供电可靠性和经济性具有重要意义。计算区域内配网项目配变平均负载率，研判项目安全运行水平，通过对比各项目指标差异，分析指标较高或较低原因，评价不同项目安全运行效果好坏。

（1）指标定义。配变平均负载率指项目评价期配变年平均负荷占额定容量的百分比，评价资产利用效率。

（2）指标公式为

$$配变平均负载率 = \frac{平均负荷}{配变额定容量 \times 功率因数}$$

××地区配网工程项目配变平均负载率见表 4-27。

表 4-27　　　　　　　　　　××地区配网工程项目配变平均负载率表

序号	项目名称	项目编码	配变平均负载率（%）
1			
2			
...			

3. 配变最大负载率

配变最大负载率是衡量配网项目安全运行水平的重要指标之一。计算区域内配网项目配变最大负载率，研判项目安全运行水平，通过对比各项目指标差异，分析指标较高或较低原因，评价不同项目安全运行效果好坏。

（1）指标定义。配变最大负载率指项目评价期配变最大负荷占额定容量的百分比，评价资产利用效率。

（2）指标公式为

$$配变最大负载率 = \frac{最大负荷}{配变额定容量 \times 功率因数}$$

××地区配网工程项目配变最大负载率见表 4-28。

表 4-28　　　　　　　　　　××地区配网工程项目配变最大负载率表

序号	项目名称	项目编码	配变最大负载率（%）
1			
2			
...			

4. 重过载天数

重过载天数是反映配网项目运行风险大小的指标。统计区域内配网项目重过载天数，研判项目安全运行水平，通过对比各项目指标差异，分析指标较高或较低原因，评价不同项目安全运行效果好坏。

（1）指标定义。重过载天数指项目评价期内每年发生重过载的天数。

（2）评价标准。发生重过载天数越少，配变可靠性越好，配网工程的安全运行效益越好。

××地区配网工程项目重过载天数见表 4-29。

表 4-29　　　　　　　　　　××地区配网工程项目重过载天数表

序号	项目名称	项目编码	重过载天数（天）
1			
2			
...			

5．重过载次数

重过载次数是反映配网工程运行风险的指标之一。统计区域内配网项目重过载次数，研判项目安全运行水平，通过对比各项目指标差异，分析指标较高或较低原因，评价不同项目安全运行效果好坏。

（1）指标定义。指项目评价期内每年发生重过载的次数。

（2）评价标准。发生重过载次数越少，配变可靠性越好，配网工程的安全运行效益越好。

××地区配网工程项目重过载次数见表 4-30。

表 4-30　　　　　　　　××地区配网工程项目重过载次数表

序号	项目名称	项目编码	重过载次数（次）
1			
2			
...			

6．故障次数

故障次数是反映配网项目运行水平的重要指标，对评价项目的可靠性具有重要意义。统计区域内配网项目故障次数，研判项目安全运行水平，通过对比各项目指标差异，分析指标较高或较低原因，评价不同项目安全运行效果好坏。

（1）指标定义。故障次数指配网工程项目投产后每年发生故障的次数。

（2）评价标准。根据该指标变化，参照省公司同电压等级指标水平、规划目标综合评价。

××地区配网工程项目故障次数见表 4-31。

表 4-31　　　　　　　　××地区配网工程项目故障次数表

序号	项目名称	项目编码	故障次数（次）
1			
2			
...			

7．投诉次数

投诉次数是对配网工程项目运行质量和效率的评价，侧面反映了配网工程项目安全运行的水平。统计区域内配网项目投诉次数，研判项目安全运行水平，通过对比各项目指标差异，分析指标较高或较低原因，评价不同项目安全运行效果好坏。

指标定义。投诉次数指因配网工程项目无法满足客户用电需求而发生的客户投诉次数。

××地区配网工程项目投诉次数见表 4-32。

表 4-32 ××地区配网工程项目投诉次数表

序号	项目名称	项目编码	投诉次数（次）
1			
2			
...			

第五节 配网工程项目社会与环境效益评价

一、社会效益评价

对工程建设的社会影响分析，能够更好为精益化投资管理提供决策依据，扩大有利方面，把控不利因素，从而促进社会经济的发展。考虑到项目投资方向差异，分别对机井通电，小城镇、中心村改造，农网升级改造，光伏扶贫电站接入，电动汽车充电桩接入和煤改电等专项工程构建差异化的评价指标，分析其获得的社会效益。配网工程项目社会效益后评价指标体系，见表 4-33。

表 4-33 配网工程项目社会效益后评价指标体系

一级维度	二级维度	指标名称
社会效益指标	机井通电工程	机井通电率
		工程惠及农田亩数
		降低农田灌溉支出
		解放劳动力
	小城镇、中心村改造工程和农网升级改造工程	工程惠及人口
		促进家用电器消费
		人均用电量提升率
	迎峰度夏工程	客户投诉次数
	光伏扶贫电站接入工程	光伏电站扶贫增收
	电动汽车充电桩接入工程	新增配变容量
		新增线路长度
		新增电动汽车
		降低交通成本
	"煤改电"工程	降低用户用能成本
		电能替代电量

1. **机井通电工程**

通过机井通电率、工程惠及农田亩数、降低农田灌溉支出、解放劳动力等指标，分析机井通电工程取得的社会效益。

涉及指标：机井通电率、工程惠及农田亩数、降低农田灌溉支出、解放劳动力。

（1）机井通电率。

1）指标定义。评价机井通电工程通电完成水平。

2）指标公式为

$$机井通电率 = \frac{通电机井数}{灌溉井总数}$$

3）指标标准。是否达到可研预期。

（2）工程惠及农田亩数。评价机井通电工程通电后灌溉农田范围。

（3）降低农田灌溉支出。

1）指标定义。因机井通电而降低农田灌溉成本支出。

2）指标公式为

降低农田灌溉支出 = 机井通电前农田灌溉成本 - 机井通电后农田灌溉成本

（4）解放劳动力。

1）指标定义。因机井通电而减少的人力数量。

2）指标公式为

解放劳动力 = 机井通电前人力需求 - 机井通电后人力需求

××地区配网机井通电工程评价指标见表 4-34。

表 4-34 　　　　　　　　　　××地区配网机井通电工程评价指标表

序号	项目名称	项目编码	机井通电率（%）	工程惠及农田亩数（亩）	降低农田灌溉支出（元）	解放劳动力（人）	…
1							
2							
…							

2. **小城镇、中心村改造工程和农网升级改造工程**

通过工程惠及人口、促进家用电器消费、人均用电量提升率等指标，分析小城镇、中心村改造工程和农网升级改造工程取得的社会效益。

涉及指标：工程惠及人口、促进家用电器消费、人均用电量提升率。

（1）工程惠及人口。

1）指标定义。工程惠及人口指小城镇、中心村改造涉及的城镇、中心村人口数量。

2）评价标准。是否达到可研预期。

（2）促进家用电器消费。

1）指标定义。促进家用电器消费指因通电或供电质量提升等带来的家用电器消费支出的增加。

2）指标公式为

促进家用电器消费＝改造后家用电器消费支出－改造前家用电器消费支出

（3）人均用电量提升率。

1）指标定义。人均用电量提升率指因通电或供电可靠性提升等带来的人均用电量的增加。

2）指标公式为

人均用电量提升率

$$=\frac{涉及城镇、中心村改造后人均用电量－涉及城镇、中心村改造前人均用电量}{涉及城镇、中心村改造前人均用电量}$$

××地区配网小城镇、中心村改造工程和农网升级改造工程评价指标见表 4-35。

表 4-35　　××地区配网小城镇、中心村改造工程和农网升级改造工程评价指标表

序号	项目名称	项目编码	工程惠及人口（人）	促进家用电器消费（元）	人均用电量提升率（%）	…
1						
2						
…						

3. 迎峰度夏工程

通过客户投诉次数指标，分析迎峰度夏工程取得的社会效益。

指标定义。指因无法满足客户用电需求而发生的客户投诉次数。

××地区配网迎峰度夏工程评价指标见表 4-36。

表 4-36　　　　　　　　　××地区配网迎峰度夏工程评价指标表

序号	项目名称	项目编码	客户投诉次数（次）	…
1				
2				
…				

4. 光伏扶贫电站接入工程

通过光伏电站扶贫增收等指标，分析光伏扶贫电站接入工程取得的社会效益。

（1）指标定义。评价光伏扶贫电站的建设所增加的贫困户收益。

（2）指标公式为

光伏电站扶贫增收＝光伏扶贫电站结算电量×结算电价

××地区配网光伏扶贫电站接入工程评价指标见表 4-37。

表 4-37　　　　　××地区配网光伏扶贫电站接入工程评价指标表

序号	项目名称	项目编码	光伏电站扶贫增收（元）	…
1				
2				
…				

5. 电动汽车充电桩接入工程

通过新增配变容量、新增线路长度、新增电动汽车、降低交通成本等指标，分析电动汽车充电桩接入工程取得的社会效益。

涉及指标：新增配变容量、新增线路长度、新增电动汽车、降低交通成本。

（1）新增配变容量。

指标定义。电动汽车充电桩接入配套工程配变容量。

（2）新增线路长度。

指标定义。电动汽车充电桩接入配套工程线路长度。

（3）新增电动汽车。

指标定义。年度新增电动汽车数量。

（4）降低交通成本。

1）指标定义。指因使用电动汽车代替燃油汽车而降低的交通成本支出。

2）指标公式为

$$降低交通成本＝充电费用－燃油费用$$

××地区配网电动汽车充电桩接入工程评价指标见表 4-38。

表 4-38　　　　××地区配网电动汽车充电桩接入工程评价指标表

序号	项目名称	项目编码	新增配变容量（kW）	新增线路长度（米）	新增电动汽车（辆）	降低交通成本（元）	……
1							
2							
…							

6. "煤改电"工程

通过降低用户用能成本、电能替代电量等指标，分析"煤改电"工程取得的社会效益。

涉及指标：降低用户用能成本、电能替代电量。

（1）降低用户用能成本。

1）指标定义。指因用电采暖代替燃煤采暖而降低的用能成本支出。

2）指标公式为

$$降低用户用能成本＝燃煤采暖费用－电采暖费用$$

（2）电能替代电量。

指标定义。因用电采暖代替煤采暖而增加的用电量。

××地区配网"煤改电"工程评价指标见表 4-39。

表 4-39   ××地区配网"煤改电"工程评价指标表

序号	项目名称	项目编码	降低用户用能成本（元）	电能替代电量（kWh）	…
1					
2					
…					

二、环境效益评价

对工程建设的环境影响分析，能够更好为精益化投资管理提供决策依据，扩大有利方面，把控不利因素，从而促进环境经济的协调发展。可通过与企业内部平均或先进水平对比，分析环保指标所代表的水平，找出差距，提出应对措施。分析机井通电、光伏扶贫电站接入、电动汽车充电桩接入和"煤改电"等专项工程获得的环境效益。通过光伏上网电量、减少标准煤消耗与降低污染物排放指标，得出以上所述工程取得的环境效益。配网工程项目环境效益后评价指标体系，见表 4-40。

表 4-40   配网工程项目环境效益后评价指标体系

一级维度	指标名称
环境效益指标	光伏上网电量
	减少标准煤消耗
	降低污染物排放

1. 光伏上网电量

对于清洁能源送出项目，项目投产后每年对清洁能源消纳做出的贡献，通过统计配网服务地区光伏上网电量反映。

××地区配网工程光伏上网电量指标见表 4-41。

表 4-41   ××地区配网工程光伏上网电量指标表

序号	项目名称	项目编码	光伏上网电量（万 kWh）	…
1				
2				
…				

2.减少标准煤消耗

1) 指标定义。减少标准煤消耗指项目输送清洁能源，折合降低燃煤电厂平均标准煤消耗。

2) 指标公式为

减少标准煤消耗＝项目投产后清洁能源上网电量×火电单位电量标准煤消耗

其中，火电单位电量标准煤消耗可取中电联每年公布数据。

××地区配网工程减少标准煤消耗指标见表 4-42。

表 4-42　　　　　　　　××地区配网工程减少标准煤消耗指标表

序号	项目名称	项目编码	减少标准煤消耗（t）	…
1				
2				
…				

3.降低污染物排放

1) 指标定义。指项目输送清洁能源，折合降低二氧化碳、二氧化硫、碳粉尘等污染物排放。

2) 指标公式为

降低污染物排放＝项目投产后输送清洁能源电量×单位清洁电量污染物排放

××地区配网工程降低污染物排放指标见表 4-43。

表 4-43　　　　　　　　××地区配网工程降低污染物排放指标表

序号	项目名称	项目编码	降低污染物排放（tCO_2）	…
1				
2				
…				

第六节　配网工程项目可持续性评价

项目持续性评价是指对项目建成投入运营后，项目的既定目标是否能够按期实现，并产生较好的效益，项目业主是否愿意，并可以依靠自己的能力继续实现既定目标，项目是否具有可重复性等方面做出评价。简单来说，即为项目的固定资产、人力资源和组织机构在外部投入结束之后持续发展的可能性，未来是否可以同样的方式建设同类项目。通过项目持续性评价，能够对项目持续发展能力进行预判，以期指导待建同类项目的建设方式，改进在建同类项目的建设方式。

一、项目持续性评价需要考虑的因素

1. 政府政策因素

包括参与该项目的政府部门各自作用和目的、对项目目标的理解是什么；根据这些目的所提出的条件和各部门的政策是否符合实际，如果不符合实际，需要做哪些修改，政策的多变是否影响到该项目的持续性。

2. 管理、组织和参与因素

如项目管理人员的素质和能力、管理机构和制度、组织形式和作用、人员培训等对持续性的影响。

3. 经济财务因素

在持续性分析中应注意：

（1）评价时点之前的所有项目投资都应作为沉没成本不再考虑。项目是否持续的决策应在对未来费用和收益的合理预测以及项目投资的机会成本（重估值）基础上做出。

（2）要通过项目的资产负债表等来反映项目的投资偿还能力，并分析和计算项目是否可以如期偿还贷款和它的实际还款期。

（3）通过项目未来的不确定性分析来确定项目持续性的条件。

4. 技术因素

主要包括技术因素对于项目管理和财务持续性的影响，在技术领域的成果是否可以被接受并推广应用。对照前评价确定的关键技术内容和条件，分析当地时间条件是否满足所选择技术装备的需求，并分析技术选择与运转操作费用的关系，新产品的开发能力和使用新技术的潜力等。

5. 社会文化因素

主要分析项目的施工、建设和运行，对所在地区风俗习惯、宗教信仰、文化水平、教育程度、技术水平等方面带来的影响，以及这种影响对项目未来的持续发展、地区社会经济的持续发展的作用情况。

6. 环境和生态因素

这两部分的内容与项目影响评价的有关内容类同。但是持续性分析应特别注意这两方面可能出现的反面作用和影响，从而可能导致项目的终止以及值得今后借鉴的经验和教训。

二、评价内容与要点

配电网工程对环境的影响相对较小，生产和消耗的需求也不高，因此这些因素可以被视为无关因素。而电力和电能的价格竞争能力是配电网工程的关键部分，其会受到地区市场和政策环境的影响。特别是在增量配电网开放后，社会资本被允许进入市场，具

有风险和不确定性。电力电量在运营期间显示出增长或稳定的趋势，项目则可持续能力较好，反之较差。电价由于政策变化而在不同监管周期内也存在不确定性，为了确保项目的经济可持续性，需在整个项目生命周期内计算其经济效益。若内部收益率大于或等于基准利率，且净现值大于零，则该项目具备可持续性，反之，其可持续性可能较差。对于某些政策驱动项目（例如农村电网改造或无电地区的通电工程等），除了经济效益，技术能力和运营管理也是项目可持续性的关键因素。使用"四新"应用并且在设计、建设和设备材料方面进行创新的项目，在一段时间内引领技术的发展，则项目的可持续性较强。而对于使用常规的技术和设备的项目，如果在较长的时间内技术设备并不会被淘汰，则项目在一定时间内具有可持续性。最后，运营单位的管理水平也将影响项目的可持续性。通过提高管理水平（例如采用信息管理技术）并实施旨在改善运营效率和电网安全性的工作，可以帮助增强项目的可持续性。对于没有采取此类措施但治理结构稳定的项目，同样具有一定的可持续性。

综上分析，配网项目可持续性评价要点主要有以下几个方面：内部因素为项目经济效益、技术水平，运营单位运营管理水平；外部条件为政策环境、市场变化及趋势；而资源、环境、生态、物流等条件影响较小或无影响，不予考虑。

项目可持续性评价需结合项目的现状，参考相关的国家政策、资源状况以及市场环境，从而分析项目的可持续性以及可重复性水平，并预测其在市场上的竞争力。同时，综合考虑项目自身的内部因素和宏观外部条件，以评价项目整体的可持续发展能力，故项目持续性评价主要涉及两方面：一是延续性评价，二是可重复性评价。

1. 延续性评价

延续性评价主要评价项目的固定资产、人力资源和组织机构在外部投入结束之后持续发展的可能性，要从项目经济效益、技术水平，运营单位运营管理水平，政策环境，市场变化及趋势等几方面因素条件分析。

在持续能力的内部因素评价方面，主要评价经济效益、技术水平和运营单位运营管理水平等内部因素对项目持续能力的影响。在持续能力的外部条件评价方面，主要评价政策环境和市场变化及趋势等外部条件对项目持续能力的影响。

2. 可重复性评价

可重复性评价主要是评价未来是否可以同样的方式建设同类项目，是否具备重复性。评价时，应重点梳理提炼项目从前期决策到竣工投产各阶段可供借鉴的经验或成熟做法，评价是否具备重复性。

3. 评价依据

国家、行业、企业相关规定和项目基础资料是开展项目可持续性评价的依据，同时对于未来的预判还需依据政策、技术、市场发展趋势。项目可持续性评价依据见表 4-44，项目基础资料包含但不限于表中内容。

表 4-44   **项目可持续性评价依据**

序号	评价内容	评价依据	
		国家、行业、企业相关规定	项目基础资料
一		项目延续性评价	
1	经济效益	—	(1) 项目财务经济效益评价结论 (2) 配电网规划文件
2	技术水平	—	项目技术水平评价结论
3	运营管理水平	—	(1) 培训记录、总结等相关材料 (2) 职工创新和科研项目相关资料
4	政策环境	国家、地方颁布的与电力市场有关的政策文件	—
5	市场变化 及趋势	国家、地方颁布的与电力市场有关的政策文件	(1) 统计年鉴 (2) 地区经济发展、配电网规划文件
二		可重复性评价	
1	前期决策阶段 可重复性评价	—	涉及规划、设计亮点的相关文件
2	实施准备阶段 重复性评价	—	设计招标、合同管理、开工准备亮点的相关文件
3	建设实施阶段 可重复评价	—	涉及施工、验收、工程管理亮点的相关文件

注 相关评价依据应根据国家、企业相关规定，动态更新。

第五章　县域配电网建设成效后评价案例

为了更好地使后评价专业人士开展县域配电网建设成效后评价，为实际工作提供借鉴与帮助，本章以2023年对××市供电公司具有代表性的区县，包括A市、B县、C区，进行2018年至2022年配网建设成效案例分析。其中，从地形地貌角度，A市属于典型的平原县域、B县属于山区、C区属于半山区，建设成本与运维成本具有很大的差异性。另外从地域发展水平，A市属于省管县级市、B县属于较为贫困的地区，是重点扶贫县、C区属于××市辖区，在经济发展水平、电力负荷水平上有较大的差异性。

按照第三章县域配电网后评价体系及第四章配网工程项目后评价体系，分别从经济效益、运行水平、建设管理、社会效益和环境效益等部分，介绍具体评价内容和指标。另外，现有配电网项目后评价在进行项目综合效益计算时多采用加权累计的方法，对于指标权重的赋值方式存在较大的主观性。本书本着重指标轻权重原则，保证主要评价指标量化计算的科学性，规避项目综合效益计算时的主观权重赋值问题，使得评价结果更为科学、合理、客观。

第一节　配网工程后评价工作概述

一、后评价工作背景及意义

在"双碳"目标与新型电力系统建设背景下，为了解决电网发电和用电功率不匹配、电网稳定性下降等一系列问题，需要进一步升级改造，包括提升电网自动化、信息化和智能化水平。同时，随着主网网架结构的加强，10kV及以下配网投资逐渐成为投资重点方向，为实现"精准规划、精益投资"，项目投资成效成为国网公司投资管理的重要内容之一。配网项目存在建设改造目标多样、项目数量繁多、项目规模多样，以及网络结构系统性等特点，项目后评价能够及时总结、发现配电网建设中存在的问题。建立科学合理的配电网项目后评价指标体系，针对性提出改进意见，为新形势下配网投资决策与管理提供参考建议、实现配网投资精益化管控、投资决策水平的提升和资源的优化配置有重要的现实意义。

二、后评价工作方法

项目后评价是在系统论和控制论等管理理论的基础上，对已完成项目的整体执行过程效益和影响等结果进行分析和判断，同时这种分析和判断必须按照项目后评价的原则和方法进行。

本章节按照项目后评价的一般程序，结合配网工程投资分散、投资效益难以独立核算等特点、县域地域环境特点和整体发展水平，根据数据收集与调查、市场预测、指标对比分析、项目综合评价的流程探索配电网投资成效后评价的方法，以确保方法的可行性和适用性。

1. 数据收集调查

工程收资是项目后评价的重要工作，有时需要多次收资并对资料的完整性和准确性进行确认，收资工作质量直接影响后评价工作的进度和后评价工作水平。

本后评价案例中收资包括三类数据。第一类是与配网项目全过程建设管理相关数据，为评价项目建设过程中管理的合理性和科学性提供依据，从前期决策、进度控制、投资控制三方面对典型配电网工程项目进行分析评价。这类数据来源于项目可行性研究报告、项目招投标文件、竣工验收资料和相关财务数据，主要用于明确项目的投资目标、投资方向、投资内容以及获取项目资金规模的相关数据。第二类数据是以县域为整体的配网项目群建设运行情况，这类数据可从 PMS 系统、"网上电网"等信息系统中采集，主要用于对县域配网项目的建设情况和投资成效进行全方位多维度的分析和评价。第三类数据是县域配电网各类项目近五年运行数据，这类数据源于配网变电或线路工程运行资料，主要包括每年各配网工程项目的售电量、负载率、清洁能源输电量等，用于各县域配网典型项目经济、运行、社会、环境效益等指标的计算与评价。

2. 市场预测

在电网项目后评价工作中，需要针对影响项目投资成效的经济形势、区域电力负荷、成本和收入构成、价格变化及其他相关行业的发展趋势等因素做出科学准确的预测，把握经济发展或者未来市场变化的有关动态，尽可能减少未来不确定性，提高评价的水平，为企业的经营决策和项目目标的实现提供准确可靠的参考数据。

在后评价案例中，项目经济效益评价中净现值率、总投资收益率、单位增供电量收益等指标直接或间接取决于项目投运后初始电力负荷、年负荷及其增长系数，准确的预测有利于提升指标计算结果的准确性。

3. 指标对比分析

对比分析法通常包含有无对比分析法、前后对比分析法和横向对比分析法。

本案例在进行配网项目后评价时，首先考虑采用有无对比法，考察在有无项目投资的两种情况下，项目的投入和产出之间可以获得效益的差异，分析项目在经济、运行、社会、环境方面的作用。其次，考虑采用前后对比法针对诸如净现值、内部收益率、总投资收益率等经济效益指标，年平均负载率、线路损耗率、故障停运时间和次数等安全运行指标，客户投诉率、工程惠及人口、居民节省支出等社会效益指标以及清洁能源消纳率、碳减排量、降低污染物排放等环境效益指标进行前后对比，重点分析项目实施的质量和效果是否和投资目标一致，探究指标数值变化的原因，以指导未来的决策。除此之外，由于配电网项目投资目标、投资方向、投资内容不同，其产生的效益也不尽相同，本案例考虑采用横向对比法选取净现值率、单位投资增供电量等相对指标，针对同等类型的项目进行横向评价，并给出评价等级。

4. 项目综合评价

本案例从县域配网建设整体成效对三县域配网投资成效进行评价。县域配网建设成效评价基于配网经济效益、经济运行、社会效益、环境效益、建设管理五个方向进行指标分析。另外，现有配电网项目后评价在进行项目综合效益计算时多采用加权累计的方法，对于指标权重的赋值方式存在较大的主观性。本案例本着重指标轻权重原则，保证主要评价指标量化计算的科学性，规避项目综合效益计算时的主观权重赋值问题，使得评价结果更为科学、合理、客观。

第二节　县域配电网建设成效后评价实务

一、县域经济及电力发展状况

A 市位于××省中部、××市最北部，交通便利，地处××三角地带，总面积××km²。全县共计××个行政村，××个社区居委会。截至 2022 年，全县总人口××万人。

B 县地处××市西部，××山中北部东麓。全县东西长××km，南北宽××km，辖区总面积××km²，B 县辖××镇××乡和××个经济开发区。

C 区位于××省中部，地处金三角中心，总面积××km²。山区与丘陵面积占总面积的 54%，平原面积占总面积的 46%。全市××个行政村，××万户，××余万人。

评价县域经济发展概况见表 5-1。

表 5-1　　　　　　　评价县域经济发展概况

指标名称	县域	2018 年	2019 年	2020 年	2021 年	2022 年	平均值	平均增长率（%）
地区生产总值（亿元）	A 市	369.98	373.98	379.58	390.68	412.21	385.28	2.19
	B 县	34.87	40.88	40.29	52.63	64.29	46.59	13.01
	C 区	126.58	127.04	136.01	139.69	150.20	135.90	3.48

指标名称	县域	2018 年	2019 年	2020 年	2021 年	2022 年	平均值	平均增长率（%）
其中：第一产业产值（亿元）	A 市	27.58	26.87	26.97	28.38	29.05	27.77	1.04
	B 县	14.49	15.46	16.49	17.60	19.54	16.72	6.17
	C 区	22.24	23.58	24.99	26.49	26.49	24.76	3.56
第二产业产值（亿元）	A 市	78.26	77.71	80.48	88.13	103.62	85.64	5.77
	B 县	10.13	10.29	10.46	10.63	12.15	10.73	3.70
	C 区	37.40	39.60	41.94	44.41	44.41	41.55	3.50
第三产业产值（亿元）	A 市	264.13	269.40	272.13	274.17	279.54	271.88	1.14
	B 县	10.25	15.13	13.34	24.41	32.60	19.15	26.03
	C 区	66.94	63.86	69.08	68.79	79.30	69.59	3.45
常住人口（万人）	A 市	68.44	69.39	67.50	70.35	68.94	68.93	0.15
	B 县	27.35	27.45	26.94	26.55	25.24	26.70	−1.59
	C 区	44.19	44.53	43.70	43.19	41.11	43.35	−1.43
全社会用电量（亿 kWh）	A 市	20.44	21.13	20.53	23.40	24.24	21.95	3.47
	B 县	3.62	4.46	5.26	5.59	5.62	4.91	9.17
	C 区	22.10	25.43	27.76	28.41	28.38	26.41	5.13
人均用电量（kWh/人）	A 市	2629.85	3091.80	3040.94	3231.94	3516.29	3102.16	5.98
	B 县	1275.65	1567.03	1952.89	2105.29	2225.14	1825.20	11.77
	C 区	4566.44	5332.67	5924.59	6578.12	6901.86	5860.74	8.61
人均 GDP（万元/人）	A 市	5.41	5.39	5.62	5.55	5.98	5.59	2.05
	B 县	1.28	1.49	1.50	1.98	2.55	1.76	14.84
	C 区	2.86	2.85	3.11	3.23	3.65	3.14	4.99
城镇化率（%）	A 市	57.05	57.58	58.11	58.69	59.28	58.14	0.77
	B 县	17.77	17.88	18.09	18.24	18.42	18.08	0.72
	C 区	16.27	16.43	16.65	16.76	16.93	16.61	0.80

评价县域配电网 10kV 及以下电力发展概况见表 5-2。

表 5-2 评价县域配电网 10kV 及以下电力发展概况表

指标名称	县域	2018 年	2019 年	2020 年	2021 年	2022 年	平均值	平均增长率（%）
配变台数（台）	A 市	3827	4075	4289	4360	4548	4220	3.51
	B 县	1673	2063	2125	2281	2292	2087	6.50
	C 区	2430	2456	2474	2510	2532	2480	0.82

指标名称	县域	2018 年	2019 年	2020 年	2021 年	2022 年	平均值	平均增长率（%）
配变容量（亿 kVA）	A 市	96.27	103.96	113.74	115.87	126.89	111.35	5.68
	B 县	39.78	59.79	62.87	68.14	68.34	59.79	11.43
	C 区	57.79	58.31	58.67	59.39	59.83	58.80	0.70
线路总条数（条）	A 市	124	135	148	159	177	149	7.47
	B 县	49	55	59	61	69	59	7.03
	C 区	137	150	163	168	174	158	5.01
架空线路长度（km）	A 市	1489.33	1542.54	1598.25	1621.75	1872.05	1624.79	4.68
	B 县	1189.72	1236.43	1296.48	1320.91	1344.77	1277.66	2.48
	C 区	1464.84	1476.87	1494.59	1513.36	1526.43	1495.22	0.83
电缆线路长度（km）	A 市	1179.65	1223.02	1249.11	1265.34	1330.57	1249.54	2.44
	B 县	730.68	845.21	1128.38	1247.73	1287.49	1047.90	12.00
	C 区	673.83	723.67	762.24	802.08	839.54	760.27	4.50
线路总长度（km）	A 市	1679.48	1745.04	1817.80	1865.37	2139.21	1849.38	4.96
	B 县	1234.10	1327.61	1398.36	1427.92	1470.80	1371.76	3.57
	C 区	1580.26	1601.14	1623.24	1654.26	1681.26	1628.03	1.25

二、县域配电网建设综合成效分析

1. 县域配电网投资经济效益指标分析

根据收资数据，总体分析 A 市、B 县、C 区 2018 年至 2022 年配网工程经济效益评价指标计算结果。针对县域特点，分析三县配网工程投资情况与经济效益具体情况。

（1）电力电量指标。

××市配网年售电量见表 5-3。

表 5-3   ××市配网年售电量表

序号	县域	年售电量（亿 kWh）						
		2018 年	2019 年	2020 年	2021 年	2022 年	平均值	平均增长率（%）
1	A 市	19.00	19.90	19.57	23.03	23.71	21.04	4.52
2	B 县	3.22	3.92	4.89	5.29	5.51	4.57	11.33
3	C 区	19.69	23.09	26.06	26.54	26.43	24.36	6.06
...	全市	14.24	15.93	17.14	18.63	18.90	16.97	5.82

从市级指标变化趋势分析。2018—2022 年××市配网年售电量呈逐年上升趋势，全市平均值由 2018 年的 14.24 亿 kWh 上升至 2022 年的 19.00 亿 kWh，指标提升了 4.66

亿 kWh，涨幅达 33％，年平均增长率为 5.82％。从指标整体水平来看，××市配网年售电量不断增长，电网投资成效明显。

从各区县指标变化情况分析。2018—2022 年配网年售电量 A 市、B 县、C 区整体均呈上升趋势，其中 B 县年售电量增长显著，由 2018 年的 3.22 亿 kWh 上升至 2022 年的 5.51 亿 kWh，增幅达 71％，平均增长率为 11.33％；C 区年售电量变化趋势稍有波动，2022 年稍有所下降，配电网投资成效良好。

从各区县指标对标情况分析。××市配网年售电量 A 市、C 区均高于全市平均水平，其中 C 区年售电量最大，为 24.36 亿 kWh；B 县年售电量最小，低于全市平均值，为 4.57 亿 kWh。

（2）配网资产结构指标。

1）配网设备与线路资产。

××市配网设备与线路资产见表 5-4。

表 5-4 　　　　　　　　　　××市配网设备与线路资产表

序号	县域	配网设备与线路资产（亿元）						平均增长率（％）
		2018 年	2019 年	2020 年	2021 年	2022 年	平均值	
1	A 市	8.32	8.97	11.76	12.17	12.80	10.80	9.00
2	B 县	2.61	4.04	5.20	6.07	6.60	4.91	20.44
3	C 区	3.13	3.99	6.37	6.71	7.36	5.51	18.65
⋯	全市	4.79	5.79	7.95	8.50	9.11	7.23	13.71

从市级指标变化趋势分析。2018—2022 年××市配网设备与线路资产呈逐年上升趋势，全市平均值由 2018 年的 4.79 亿元上升至 2022 年的 9.11 亿元，指标提升了 4.32 亿元，涨幅达 90％，年平均增长率为 13.71％。从指标整体水平来看，××市配网设备与线路资产整体增长迅速，各县域配网资产水平不断提高，电网投资成效明显。

从各区县指标变化情况分析。2018—2022 年配网设备与线路资产 A 市、B 县、C 区整体均呈上升趋势，其中 B 县、C 区配网设备与线路资产增长显著，由 2018 年的 2.61 亿元、3.13 亿元上升至 2022 年的 6.60 亿元、7.36 亿元，增幅达 153％、135％，平均增长率分别为 20.44％、18.65％，指标改善情况良好。

从各区县指标对标情况分析。××市配网设备与线路资产仅 A 市高于全市平均水平，为 10.80 亿元，配网资产水平情况较好；B 县、C 区 2 个区县配网设备与线路资产均低于全市平均水平，分别为 4.91 亿元、5.51 亿元。

2）年度固定资产总值。

××市配网年度固定资产总值见表 5-5。

表5-5   ××市配网年度固定资产总值表

序号	县域	年度固定资产总值（亿元）						
		2018年	2019年	2020年	2021年	2022年	平均值	平均增长率（％）
1	A市	9.93	10.59	13.36	13.74	14.38	12.40	7.70
2	B县	3.59	5.03	6.19	6.96	7.49	5.85	15.84
3	C区	5.00	5.89	8.26	8.61	9.52	7.46	13.75
…	全市	6.17	7.17	9.27	9.77	10.47	8.57	11.14

从市级指标变化趋势分析。2018—2022年××市配网年度固定资产总值呈逐年增长的趋势，全市平均值由2018年的6.17亿元持续上升至2022年的10.47亿元，指标整体增长了70％，平均增长率为11.14％。从指标整体水平来看，××市配网年度固定资产总值不断增长，配电网投资成效明显。

从各区县指标变化情况分析。2018—2022年配网年度固定资产总值A市、B县、C区整体均呈现上升趋势，其中B县、C区年度固定资产总值增长显著，分别由2018年的3.59亿元、5.00亿元上升至2022年的7.49亿元、9.52亿元，增幅达109％、90％，平均增长率为15.84％、13.75％。

从各区县指标对标情况分析。××市配网年度固定资产总值仅A市高于全市平均水平，为12.40亿元；B县、C区年度固定资产总值均低于全市平均水平，分别为5.85亿元、7.46亿元。

（3）资产运维成本指标。

××市配网单位资产运维费率见表5-6。

表5-6   ××市配网单位资产运维费率表   （单位：％）

序号	区域	单位资产运维费率						
		2018年	2019年	2020年	2021年	2022年	平均值	平均增长率
1	A市	3.39	2.91	1.97	2.18	2.53	2.60	−5.65
2	B县	3.42	4.23	2.08	1.48	2.57	2.75	−5.57
3	C区	3.45	5.28	3.50	3.54	3.04	3.76	−2.50
…	全市	3.49	4.21	2.56	2.44	2.76	3.09	−4.53

从市级指标变化趋势分析。2018—2022年××市配网单位资产运维费率呈现波动下降趋势，全市平均值在2019年、2022年出现上升，到2022年指标达到2.76％，较2018年指标降幅达21％，平均增长率为−4.53％。从指标整体水平来看，××市配网单位资产运维费率水平较低，县域运维管理水平、安全管理水平与设备监测水平不断提高。

从各区县指标变化情况分析。2018—2022 年配网单位资产运维费率 A 市、B 县、C 区整体均呈波动下降趋势，其中 A 市、B 县单位资产运维费率下降显著，由 2018 年的 3.39％、3.42％下降至 2022 年的 2.53％、3.76％，降幅达 25％，平均增长率分别为 −5.65％、−5.57％，指标改善效果十分明显。

从各区县指标对标情况分析。××市配网单位资产运维费率仅 C 区高于全市平均水平，各年平均值为 3.76％；A 市、B 县指标较小，低于全市平均水平，分别为 2.60％、2.75％。

（4）资产盈利能力指标。

1）年度投资利润。

××市配网年度投资利润见表 5-7。

表 5-7　　　　　　　　　　××市配网年度投资利润表

序号	县域	年度投资利润（亿元）						
		2018 年	2019 年	2020 年	2021 年	2022 年	平均值	平均增长率（％）
1	A 市	0.81	1.21	1.69	2.33	2.84	1.78	28.52
2	B 县	0.06	0.15	0.26	0.2	0.13	0.16	16.72
3	C 区	1.29	2.14	3.48	3.82	4.41	3.03	27.87
…	全市	0.62	1.05	1.84	2.15	2.5	1.63	32.16

从市级指标变化趋势分析。2018—2022 年××市配网年度投资利润呈逐年增长的趋势，全市平均值由 2018 年的 0.62 亿元持续上升至 2022 年的 2.5 亿元，指标整体增长达 303％，平均增长率为 32.16％。从指标整体水平来看，××市配网年度投资利润水平较高，配网盈利能力及经营状况不断改善，指标提升状况良好。

从各区县指标变化情况分析。2018—2022 年配网年度投资利润 A 市、B 县、C 区整体均呈现上升趋势，盈利能力提升显著。其中 A 市、C 区年度投资利润增长显著，分别由 2018 年的 0.81 亿元、1.29 亿元上升至 2022 年的 2.84 亿元、4.41 亿元，增幅达 251％、242％，平均增长率为 28.52％、27.87％；B 县年度投资利润增长稍有波动，由 2018 年的 0.06 亿元增长到 2020 年的 0.26 亿元，之后逐年下降，平均增长率为 16.72％。

从各区县指标对标情况分析。××市配网年度投资利润仅 A 市、C 区高于全市平均水平，分别为 1.78 亿元、3.03 亿元，配网盈利能力较强；仅 B 县年度投资利润较低，远低于全市平均水平，为 0.16 亿元。

2）总资产收益率。

××市配网总资产收益率见表 5-8。

表 5-8 　　　　　　　　　　　　 ××市配网总资产收益率表 　　　　　　　　　（单位：%）

序号	县域	总资产收益率						
		2018 年	2019 年	2020 年	2021 年	2022 年	平均值	平均增长率
1	A 市	8.16	11.43	12.65	16.96	19.74	13.79	19.34
2	B 县	1.67	2.98	4.20	2.87	1.74	2.69	0.76
3	C 区	25.80	36.31	42.12	44.38	46.31	38.99	12.41
…	全市	10.04	14.64	19.85	22.01	23.89	18.09	18.92

从市级指标变化趋势分析。2018—2022 年××市配网总资产收益率呈现逐年上升趋势，全市平均值由 2018 年的 10.04% 上升至 2022 年的 23.89%，指标涨幅达 138%，平均增长率为 18.96%。从指标整体水平来看，××市配网总资产收益率水平增长迅速，县域配网盈利的稳定性和持久性不断提升，综合经营管理水平提高。

从各区县指标变化情况分析。2018—2022 年配网总资产收益率 A 市、B 县、C 区整体均呈上升趋势。其中 A 市、C 区总资产收益率增长趋势显著，由 2018 年的 8.16%、25.80% 增长至 2022 年的 19.74%、46.31%，涨幅达 142%、79%，平均增长率为 19.34%、12.41%；B 县总资产收益率增长稍有波动，由 2018 年的 1.67% 增长到 2020 年的 4.20%，之后逐年下降，平均增长率为 0.76%，盈利能力水平存在波动。

从各区县指标对标情况分析。××市配网总资产收益率仅 C 区高于全市平均水平，指标达到 38.99%，配网盈利能力及经营状况情况良好；A 市、B 县指标较小，远低于全市平均水平，仅有 13.79%、2.69%。

（5）资产供电能力指标。

××市配网单位资产年售电量见表 5-9。

表 5-9 　　　　　　　　　　　 ××市配网单位资产年售电量表

序号	县域	单位资产年售电量（元/kWh）						
		2018 年	2019 年	2020 年	2021 年	2022 年	平均值	平均增长率（%）
1	A 市	1.97	1.94	1.51	1.73	1.70	1.77	−2.95
2	B 县	0.93	0.81	0.82	0.79	0.76	0.82	−3.90
3	C 区	4.14	4.11	3.31	3.24	2.91	3.54	−6.76
…	全市	2.38	2.32	1.91	1.95	1.82	2.08	−5.23

从市级指标变化趋势分析。2018—2022 年××市配网单位资产年售电量呈现波动下降趋势，全市平均值在 2021、2022 两年出现回升，到 2022 年指标达到 1.82 元/kWh，较 2018 年指标降幅达 24%，平均增长率为 −5.23%。从指标整体水平来看，××市配网单位资产年售电量水平逐年下降，如何提高配网资产利用效率应引起重视。

从各区县指标变化情况分析。2018—2022 年配网单位资产年售电量 A 市、B 县、C 区整体均呈波动下降趋势。其中 C 区单位资产年售电量减少趋势显著，由 2018 年的 4.14 元/kWh 下降至 2022 年的 3.54 元/kWh，降幅达 30%，平均增长率为－6.76%；其余两区县指标变化趋势与 C 区相近，平均增长率分别为－2.95%、－3.90%。

从各区县指标对标情况分析。××市配网单位资产年售电量仅 C 区高于全市平均水平，指标达到 3.54 元/kWh，配网资产利用水平较高；A 市、B 县单位资产年售电量较少，低于全市平均水平，分别为 1.77 元/kWh、0.82 元/kWh。

2. 县域配电网投资运行水平指标分析

根据收资数据，总体分析 A 市、B 县、C 区 2018—2022 年配网工程运行水平评价指标计算结果。针对县域特点，分析三县配网工程运行管理方面具体情况。

（1）供电能力指标。

××市户均配变容量见表 5-10。

表 5-10 　　　　　　　　　　　　　　××市户均配变容量表

序号	县域	户均配变容量（kVA/户）						
		2018 年	2019 年	2020 年	2021 年	2022 年	平均值	平均增长率（%）
1	A 市	4.13	4.28	4.14	4.14	4.20	4.18	0.34
2	B 县	3.73	4.23	4.39	4.52	4.45	4.26	3.61
3	C 区	3.35	3.33	3.29	3.19	3.08	3.25	－1.66
…	全市	3.81	4.02	4.02	4.03	3.99	3.97	0.92

从市级指标变化趋势分析。2018—2022 年××市户均配变容量呈现波动上升趋势，全市平均值仅在 2022 年出现下降，到 2022 年指标达到 3.99kVA/户，较 2018 年指标升幅达 5%，平均增长率为 0.92%。从指标整体水平来看，××市配网户均配变容量水平改善情况较好，县域配电网基础建设以及供电能力水平不断提高，投资成效显著。

从各区县指标变化情况分析。2018—2022 年户均配变容量 A 市、B 县整体呈现波动上升趋势，其中 B 县指标改善显著，由 2018 年的 3.73kVA/户上升至 2022 年的 4.45kVA/户，升幅达 19%，平均增长率为 3.61%；C 区户均配变容量整体呈现下降趋势，指标由 2018 年的 3.35kVA/户下降到 2022 年的 3.08kVA/户，降幅达 8%，平均增长率为－1.66%。

从各区县指标对标情况分析。××市户均配变容量 A 市、B 县指标平均值均高于全市平均水平，分别为 4.18kVA/户、4.26kVA/户，配网供电能力较高；C 区户均配变容量较小，低于全市平均水平，仅有 3.25kVA/户。

（2）供电经济性指标。

××市配网 10kV 综合线损率见表 5-11。

表 5-11　　　　　　　　　　××市配网 10kV 综合线损率表　　　　　　（单位:%)

序号	县域	10kV 综合线损率						
		2018 年	2019 年	2020 年	2021 年	2022 年	平均值	平均增长率
1	A 市	8.01	5.98	4.52	4.19	3.65	5.27	−14.57
2	B 县	9.36	9.73	5.31	6.72	6.77	7.58	−6.27
3	C 区	4.05	1.86	2.69	3.09	3.26	2.99	−4.29
…	全市	7.29	5.99	4.26	4.76	4.65	5.39	−8.62

从市级指标变化趋势分析。2018—2022 年××市 10kV 综合线损率呈现波动下降趋势,全市平均值由 2018 年的 7.29% 下降至 2022 年的 4.65%,仅在 2021 年出现回升,较 2018 年指标降幅为 36%,平均增长率为 −8.62%。从指标整体水平来看,××市 10kV 综合线损率水平逐年降低,配网管理水平不断提高。

从各区县指标变化情况分析。2018—2022 年 10kV 综合线损率 A 市、B 县、C 区整体呈现波动下降趋势,其中 A 市指标改善显著,指标由 2018 年的 8.01% 下降至 2022 年的 6.77%,降幅达 54%,平均增长率为 −14.57%,配网安全运行水平改善明显。

从各区县指标对标情况分析。××市 10kV 综合线损率仅 B 县指标平均值高于全市平均水平,为 7.58%;A 市、C 区 10kV 综合线损率较低,低于全市平均水平,分别为 5.27%、2.99%,供电经济性水平较高。

（3）资产装备水平指标。

1）逾龄资产比例。

××市配网逾龄资产比例见表 5-12。

表 5-12　　　　　　　　　　××市配网逾龄资产比例表　　　　　　（单位:%)

序号	县域	逾龄资产比例						
		2018 年	2019 年	2020 年	2021 年	2022 年	平均值	平均增长率
1	A 市	7.28	8.10	8.36	10.32	8.74	8.56	3.71
2	B 县	19.34	17.10	12.06	11.82	15.73	15.21	−4.05
3	C 区	17.73	18.44	20.16	23.79	21.51	20.32	3.94
…	全市	15.03	14.79	13.75	15.56	15.58	14.94	0.71

从市级指标变化趋势分析。2018—2022 年××市配网逾龄资产比例呈现波动上升趋势,全市平均值在 2019、2020 年持续下降,后两年出现回升,到 2022 年指标达到 15.58%,较 2018 年指标涨幅达 4%,平均增长率为 0.71%。从指标整体水平来看,××市配网逾龄资产比例水平保持稳定,资产装备水平仍需加强。

从各区县指标变化情况分析。2018—2022 年配网逾龄资产比例 A 市、C 区整体呈现波动上升趋势，A 市、C 区逾龄资产比例由 2018 年的 7.28%、17.73% 上升至 2022 年的 8.74%、21.51%，升幅达 20%、21%，平均增长率分别为 3.71%、3.94%，设备老化上升趋势明显；B 县逾龄资产比例呈现波动下降趋势，指标由 2018 年的 19.34% 下降到 2021 年的 11.82%，2022 年有所回升，达到 15.21%，指标整体降幅达 19%，平均增长率为 -4.05%，指标改善情况较好。

从各区县指标对标情况分析。××市配网逾龄资产比例 B 县、C 区指标平均值均高于全市平均水平，分别为 15.21%、20.32%；A 市逾龄资产比例较低，低于全市平均水平，仅有 8.56%，配网运行安全性较有保障。

2）线路运行年限。

××市配网线路运行年限见表 5-13。

表 5-13　　　　　　　　　　××市配网线路运行年限表　　　　　　　　　（单位：%）

序号	县域	线路运行年限占比				
		2018—2022 年均值				
		0～5 年	5～10 年	10～15 年	15～20 年	20 年以上
1	A 市	44.21	18.03	22.32	13.73	1.72
2	B 县	16.80	13.86	46.22	16.17	6.95
3	C 区	26.72	10.84	17.56	24.02	20.86
…	全市	27.94	14.54	29.27	18.29	9.97

从市级指标变化趋势分析。××市 2018—2022 年线路运行年限占比总体保持平稳态势，线路运行 0～5 年分布比例较高，全市平均值为 27.94%；线路运行 20 年以上分布占比较低，为 9.97%。从指标整体水平来看，××市配网线路运行年限较低，资产装备水平较高。

从各区县指标变化情况分析。××市线路运行年限中，0—5 年线路占比 A 市保持在较高水平，2018—2021 年指标平均值为 44.21%；B 县与 C 区占比相近，分别为 16.80%、26.72%。运行 20 年以上线路占比 C 区较高，2018—2022 年平均值达到 20.86%；A 市与 B 县分别为 1.72%、6.95%。A 市较大部分线路运行年限较短，而 C 区较大部分线路运行年限较长，呈现出老化态势，B 县则介于 A 市和 C 区之间。

从各区县指标对标情况分析。××市配网线路运行年限占比中，A 市线路运行 0～5 年占比较大，高于全市平均值；而运行 20 年以上占比较小，远低于全市平均值。C 区 5～10 年、10～15 年占比低于全市平均值，而 20 年以上占比较大，高于全市平均值。B 县线路运行年限居于两区县之间，与全市平均值占比相近。

3）配变运行年限。

××市配网配变运行年限见表 5-14。

表 5-14　　　　　　　　　　　　　　××市配网配变运行年限表　　　　　　　　　　（单位：%）

序号	县域	配变运行年限占比				
		2018—2022 年均值				
		0～5 年	5～10 年	10～15 年	15～20 年	20 年以上
1	A 市	62.53	36.22	1.08	0.17	0
2	B 县	16.37	30.37	15.89	31.72	5.65
3	C 区	23.06	25.61	12.59	26.75	11.99
…	全市	34.77	29.43	10.01	19.84	5.95

从市级指标变化趋势分析。××市 2018—2022 年配变运行年限占比总体保持平稳态势，线路运行 0～5 年分布比例较高，全市平均值为 34.77%；线路运行 20 年以上分布占比较低，为 5.95%。从指标整体水平来看，××市配网配变运行年限较低，资产装备水平较高。

从各区县指标变化情况分析。××市配变运行年限中，0～5 年占比 A 市保持在较高水平，2018—2021 年指标平均值为 62.53%；B 县与 C 区年限占比相近，分别为 16.37%、23.06%。配变运行年限 20 年以上占比 C 区较高，2018—2022 年平均值达到 11.99%；A 市与 B 县分别为 0%、5.65%。A 市较大部分配变运行年限较短，而 C 区较大部分配变运行年限较长，呈现出老化态势，B 县则介于 A 市和 C 区之间。

从各区县指标对标情况分析。××市配网配变运行年限占比中，A 市配变运行 0～5 年占比较大，高于全市平均值；而运行 20 年以上占比较小，远低于全市平均值。C 区 0～5 年占比低于全市平均值，而 20 年以上占比较大，高于全市平均值。B 县配变运行年限占比居于两区县之间，与全市平均值占比相近。

4）10kV 架空线路绝缘化率。

××市配网 10kV 架空线路绝缘化率见表 5-15。

表 5-15　　　　　　　　　　××市配网 10kV 架空线路绝缘化率表　　　　　　　　（单位：%）

序号	县域	10kV 架空线路绝缘化率						
		2018 年	2019 年	2020 年	2021 年	2022 年	平均值	平均增长率
1	A 市	81.58	81.66	80.50	80.36	73.21	79.46	−2.14
2	B 县	63.87	71.09	90.51	98.24	99.57	84.66	9.29
3	C 区	48.30	51.45	53.55	55.65	57.75	53.34	3.64
…	全市	65.94	69.48	76.39	79.67	78.37	73.97	3.52

从市级指标变化趋势分析。2018—2022 年××市 10kV 架空线路绝缘化率呈现上升趋势，全市平均值由 2018 年的 65.94% 上升到 2021 年的 79.67%，到 2022 年指标略有回落到 78.37%，较 2018 年指标升幅达 19%，平均增长率为 3.52%。从指标整体水平来

看，××市配网 10kV 架空线路绝缘化率水平维持在较高水平，配网资产装备水平不断提高。

从各区县指标变化情况分析。2018—2022 年 10kV 架空线路绝缘化率 B 县、C 区整体呈现上升趋势，其中 B 县 10kV 架空线路绝缘化率增长显著，由 2018 年的 63.87%、上升至 2022 年的 99.57%，升幅达 56%，平均增长率分别为 9.29%；A 市 10kV 架空线路绝缘化率整体呈现波动下降趋势，指标由 2018 年的 81.58% 下降到 2022 年的 73.21%，指标整体降幅 10%，平均增长率为 −2.14%。

从各区县指标对标情况分析。××市 10kV 架空线路绝缘化率 A 市、B 县指标平均值均高于全市平均水平，分别为 79.46%、84.66%；C 区指标较小，低于全市平均水平，仅有 53.34%。

（4）电网效率指标。

1）全域配变平均负载率。

××市配网全域配变平均负载率见表 5-16。

表 5-16 　　　　　　　　　　 ××市配网全域配变平均负载率表 　　　　 （单位：%）

序号	县域	全域配变平均负载率						
		2018 年	2019 年	2020 年	2021 年	2022 年	平均值	平均增长率
1	A 市	26.28	25.16	22.34	24.88	23.57	24.44	−2.15
2	B 县	11.38	9.33	10.46	10.23	10.17	10.31	−2.22
3	C 区	48.25	55.01	59.69	60.07	59.41	56.49	4.25
…	全市	29.11	30.31	31.30	32.22	31.53	30.90	1.61

从市级指标变化趋势分析。2018—2022 年××市全域配变平均负载率呈现上升趋势，全市平均值由 2018 年的 29.11% 上升至 2021 年的 32.22%，到 2022 年指标略有回落达到 31.53%，较 2018 年指标涨幅达 8%，平均增长率为 1.61%。从指标整体水平来看，××市配网全域配变平均负载率逐年增长，资产利用效率不断提升。

从各区县指标变化情况分析。2018—2022 年全域配变平均负载率仅 C 区呈现波动上升的趋势，由 2018 年的 48.25% 上升至 2021 年的 60.07%，2022 年略有回落到 59.41%，整体涨幅达 23%，平均增长率为 4.25%，配网资产利用情况较高；A 市、B 县全域配变平均负载率整体均呈波动下降趋势，由 2018 年的 26.28%、11.38% 下降至 2022 年的 23.57%、10.17%，降幅达 10%、11%，平均增长率分别为 −2.15%、−2.22%，电网运行效率有待提高。

从各区县指标对标情况分析。××市全域配变平均负载率仅 C 区高于全市平均水平，指标较高为 56.49%；A 市、B 县全域配变平均负载率低，低于全市平均水平，分别为 24.44%、10.31%。

2）配变过载比例。

××市配变过载比例见表5-17。

表5-17 　　　　　　　　　 ××市配变过载比例表 　　　　　　　　（单位：%）

序号	县域	配变过载比例						
		2018年	2019年	2020年	2021年	2022年	平均值	平均增长率
1	A市	5.88	1.74	0.49	0.27	1.07	1.89	−28.83
2	B县	2.52	0.63	0.56	0.33	0.71	0.95	−22.43
3	C区	11.71	4.00	1.83	0.66	5.84	4.80	−13.00
…	全市	6.81	2.16	0.97	0.43	2.57	2.59	−17.70

从市级指标变化趋势分析。2018—2022年××市配变过载比例呈现波动下降趋势，全市平均值由2018年的6.81%下降至2021年的0.43%，到2022年指标略有上升达到2.57%，较2018年指标降幅达62%，平均增长率为−17.70%。从指标整体水平来看，××市配网配变过载比例水平逐年降低，配变过载现象改善明显，投资成效显著。

从各区县指标变化情况分析。2018—2022年配变过载比例A市、B县、C区整体均呈波动下降趋势。其中A市、B县指标改善情况显著，由2018年的5.88%、2.52%下降至2022年的1.07%、0.71%，降幅达82%、72%，平均增长率分别为−28.83%、−22.43%；C区指标变化趋势与A市、B县相似，仅2022年指标数据出现回升。

从各区县指标对标情况分析。××市配变过载比例A市、B县指标较小，低于全市平均水平，分别为1.89%、0.95%，配变过载现象改善明显；仅C区高于全市平均水平，指标达到4.80%。

3）线路过载比例。

××市配网线路过载比例见表5-18。

表5-18 　　　　　　　　 ××市配网线路过载比例表 　　　　　　　（单位：%）

序号	县域	线路过载比例						
		2018年	2019年	2020年	2021年	2022年	平均值	平均增长率
1	A市	11.16	0.00	0.00	5.35	1.80	3.66	−30.60
2	B县	0.00	5.89	3.65	0.00	0.00	1.91	0.00
3	C区	4.04	1.47	5.42	3.94	1.27	3.23	−20.72
…	全市	5.19	2.49	3.06	3.16	1.04	2.99	−27.46

从市级指标变化趋势分析。2018—2022年××市配网线路过载比例呈现波动下降趋势，全市平均值由2018年的5.19%下降至2019年的2.49%，2021年指标略有上升达到3.16%，2022年下降到1.04%，较2018年指标降幅达80%，平均增长率为−27.46%，指标改善效果明显。从指标整体水平来看，××市配网过载线路比例较低，通过缩短供

电半径、优化配变和用户负荷的分割，线路过载现象改善明显，投资成效显著。

从各区县指标变化情况分析。2018—2022 年配网线路过载比例 A 市、C 区整体均呈波动下降趋势，其中 A 市线路过载比例下降趋势显著，由 2018 年的 11.16％下降至 2022 年的 1.80％，降幅达 84％，平均增长率为−30.60％，指标改善情况较好；B 县整体指标保持不变，2019 年指标出现增长，2020、2021 年持续下降到 0％。

从各区县指标对标情况分析。××市配网线路过载比例 A 市、C 区指标高于全市平均水平，分别为 3.66％、3.23％；B 县线路过载比例较小，低于全市平均水平，为 1.91％，电网线路的利用率较高。

（5）网架结构指标。

××市配网线路联络率见表 5-19。

表 5-19　　　　　　　　　　××市配网线路联络率表　　　　　　　　（单位：％）

序号	县域	线路联络率						
		2018 年	2019 年	2020 年	2021 年	2022 年	平均值	平均增长率
1	A 市	20.78	20.60	20.17	20.20	20.22	20.39	−0.54
2	B 县	14.34	16.13	17.89	17.93	18.14	16.89	4.81
3	C 区	20.85	24.83	27.64	27.64	27.75	25.74	5.88
…	全市	19.02	20.90	22.30	22.32	22.44	21.39	3.36

从市级指标变化趋势分析。2018—2022 年××市配网线路联络率呈现波动上升趋势，全市平均值由 2018 年的 19.02％增长至 2022 年的 22.44％，指标降幅达 18％，平均增长率为 3.36％。从指标整体水平来看，××市配网线路联络率水平逐年提升，网架结构较为合理。

从各区县指标变化情况分析。2018—2022 年配网线路联络率 A 市整体呈下降趋势，由 2018 年的 20.78％下降至 2022 年的 20.22％，变化幅度不大，基本保持平稳，平均增长率为−0.54％；B 县、C 区线路联络率整体呈现逐年增长趋势，分别由 2018 年的 14.34％、20.85％增长至 2022 年的 18.14％、27.75％，涨幅为 26％、33％，平均增长率为 4.81％、5.88％，指标改善情况较好。

从各区县指标对标情况分析。××市配网线路联络率仅 C 区指标高于全市平均水平，为 25.74％，网架结构较为合理；A 市、B 县指标较小，低于全市平均水平，分别为 20.39％、16.89％。

（6）可靠性指标。

1）线路百千米故障停运次数。

××市配网线路百千米故障停运次数见表 5-20。

表 5-20 　　　　　　　　　　　××市配网线路百千米故障停运次数表

序号	县域	线路百千米故障停运次数（次/100km）						
		2018 年	2019 年	2020 年	2021 年	2022 年	平均值	平均增长率（%）
1	A 市	16.49	12.95	13.36	11.49	8.73	12.60	−11.94
2	B 县	3.59	4.07	1.16	1.59	6.77	3.44	13.49
3	C 区	29.72	23.48	15.96	4.60	18.30	18.41	−9.25
…	全市	16.88	13.73	10.35	6.03	11.45	11.69	−7.47

从市级指标变化趋势分析。2018—2022 年××市配网线路百千米故障停运次数呈现下降趋势，全市平均值由 2018 年的 16.88 次/100km 下降至 2021 年的 6.03 次/100km，2022 年回升到 11.45 次/100km，较 2018 年指标降幅达 32%，平均增长率为 −7.47%。从指标整体水平来看，××市配网线路百千米故障停运次数水平逐年降低，县域配网供电稳定性水平的不断提高，有利于减少经济损失，配网运行可靠性得到保障。

从各区县指标变化情况分析。2018～2022 年配网线路百千米故障停运次数 A 市、C 区整体均呈波动下降趋势，A 市、C 区指标由 2018 年的 16.49 次/100km、29.72 次/100km 下降至 2022 年的 12.60 次/100km、18.41 次/100km，降幅达 47%、38%，平均增长率分别为 −11.94%、−9.25%，指标改善显著；B 县指标呈现波动增长的趋势，2022 年指标出现增长达到 11.45 次/100km，涨幅达 88%，平均增长率为 13.49%。

从各区县指标对标情况分析。××市配网线路百千米故障停运次数 B 县指标较小，低于全市平均水平，为每年 3.44 次/100km；A 市、C 区高于全市平均水平，分别为 12.60 次/100km、18.41 次/100km，供电可靠性需要加强。

2）重复故障线路占比。

××市配网重复故障线路占比见表 5-21。

表 5-21 　　　　　　　　　　　××市配网重复故障线路占比表　　　　　　　　（单位：%）

序号	县域	重复故障线路占比						
		2018 年	2019 年	2020 年	2021 年	2022 年	平均值	平均增长率
1	A 市	7.73	8.65	7.87	4.01	2.99	6.25	−17.27
2	B 县	28.77	19.62	5.47	12.34	29.94	19.23	0.80
3	C 区	63.00	57.27	34.55	9.19	43.64	41.53	−7.08
…	全市	33.62	28.91	16.18	8.66	25.89	22.65	−5.10

从市级指标变化趋势分析。2018—2022 年××市配网重复故障线路占比呈现下降趋势，全市平均值由 2018 年的 33.62% 下降至 2021 年的 8.66%，2022 年回升到 25.89%，较 2018 年指标降幅达 23%，平均增长率为 −5.10%。从指标整体水平来看，××市配网

重复故障线路占比水平较低，配网运行可靠性水平不断提高，大大提高了客户的用电体验。

从各区县指标变化情况分析。2018—2022年配网重复故障线路占比A市、C区整体均呈波动下降趋势，A市、C区重复故障线路占比由2018年的7.73%、63.00%下降至2022年的2.99%、43.64%，降幅达61%、31%，平均增长率分别为−17.27%、−7.08%，指标改善情况较好；B县整体指标呈现波动上升的趋势，2019年、2020年指标持续下降，2022年回升到29.94%，涨幅达4%，平均增长率为0.80%。

从各区县指标对标情况分析。××市配网重复故障线路占比A市、B县指标较小，低于全市平均水平，为6.25%、19.23%，配网运行可靠性较高；仅C区重复故障线路占比高于全市平均水平，为41.53%。

3. 县域配电网投资建设管理指标分析

根据收资数据，总体分析A市、B县、C区2018—2022年配网工程建设管理评价指标计算结果。针对县域特点，分析三县配网工程建设管理方面具体情况。

（1）进度控制指标。

××市配网项目进度计划完成率见表5-22。

表5-22　　　　　　　　××市配网项目进度计划完成率表　　　　　　　　（单位：%）

序号	县域	进度计划完成率						
		2018年	2019年	2020年	2021年	2022年	平均值	平均增长率
1	A市	68.67	65.55	73.57	82.43	79.52	73.95	2.98
2	B县	72.34	80.52	69.38	64.25	75.68	72.43	0.91
3	C区	52.50	72.40	75.36	58.76	70.34	65.87	6.03
…	全市	64.50	72.82	72.77	68.48	75.18	70.75	3.11

从市级指标变化趋势分析。2018—2022年××市配网进度计划完成率呈现波动上升趋势，全市平均值在2020年、2021年出现下降，到2022年指标回升至75.18%，降幅达17%，平均增长率为3.11%。从指标整体水平来看，××市配网进度计划完成率水平较高，指标完成情况较好。

从各区县指标变化情况分析。2018—2022年配网进度计划完成率A市、B县、C区均呈现波动上升趋势，其中C区指标改善效果显著，由2018年的52.50%升高至2022年的70.34%，仅2021年出现下降，涨幅为34%，平均增长率为6.03%。

从各区县指标对标情况分析。××市配网进度计划完成率A市、B县指标均高于全市平均水平，分别为73.95%、72.43%，进度计划完成情况较好；仅C区指标较小，低于全市平均水平，为65.87%。

（2）投资控制指标。

1）设计偏差率。

××市配网工程设计偏差率见表 5-23。

表 5-23　　　　　　　　××市配网工程设计偏差率表　　　　　　（单位：%）

序号	县域	设计偏差率				
		2018—2022 年均值（区间分布）				
		−30% 以下	−30%～−20%	−20%～−10%	−10%～0%	0% 以上
1	A 市	0.00	21.51	25.30	51.50	1.70
2	B 县	6.92	13.51	26.43	47.35	5.78
3	C 区	7.57	11.46	28.47	45.05	7.46
…	全市	6.64	14.38	27.82	46.12	5.04

从市级指标变化趋势分析。××市 2018—2022 年设计偏差率分布比例总体保持平稳态势，−10%～0% 占比最大，全市平均占比为 46.12%；−30% 以下和 0% 以上占比最小，分别为 6.64%、5.04%。从指标整体水平来看，××市配网设计偏差率集中在 −10%～0% 之间，县域配网工程初步设计质量及对投资的控制力度水平较高，项目初步设计的合理性得到保证。

从各区县指标变化情况分析。××市设计偏差率 A 市、B 县、C 区 −10%～0% 占比保持在较高水平，2018—2021 年指标平均值占一半左右，而 −30% 以下及 0% 以上占比较低，2018—2022 年平均值均不超过 10%，初步设计质量较高。

从各区县指标对标情况分析。××市配网设计偏差率 A 市 −30%～20%、−10%～0% 占比较大，高于全市平均值；而 −30% 以下占比为 0%，远低于全市平均值。C 区 −10%～0% 占比低于全市平均值，而 −30% 以下、0% 以上占比较大，高于全市平均值。B 县指标居于两区县之间，与全市平均值占比相近。

2）投资结余率。

××市配网工程投资结余率见表 5-24。

表 5-24　　　　　　　　××市配网工程投资结余率表　　　　　　（单位：%）

序号	县域	投资结余率				
		2018—2022 年均值（区间分布）				
		0%～10%	10%～20%	20%～30%	30% 以上	超概算
1	A 市	51.50	17.20	15.50	8.55	7.25
2	B 县	49.30	27.35	16.43	6.92	0.00
3	C 区	37.49	22.37	17.02	15.02	8.12
…	全市	47.03	25.72	15.68	6.70	4.89

从市级指标变化趋势分析。××地区 2018—2022 年投资结余率分布比例总体保持平稳态势，0％~10％占比最大，全市平均占比为 47.03％；超概算占比最小，为 4.89％。从指标整体水平来看，××市配网投资结余率集中在 0％~10％的可允许偏差范围内，配网工程投资有效管控水平不断提高，可研与初设发挥了应有的投资管控的作用，配网项目资金使用情况比较好。

从各区县指标变化情况分析。××地区投资结余率 0％~10％占比 A 市、B 县、C 区 3 个区县均保持在较高水平，2018~2021 年指标平均值分别为 51.50％、49.30％、37.49％，其中 A 市、B 县占比较大，资金使用率较高；投资结余率 30％以上和超概算占比 3 个区县占比均较低，其中 B 县占比最小，分别为 6.92％、0.00％。

从各区县指标对标情况分析。××市配网投资结余率 A 市 0％~10％、30％以上和超概算占比较大，高于全市平均值；而 10％~20％占比较小，低于全市平均值。C 区 0％~10％占比低于全市平均值，而 30％以上和超概算占比较大，高于全市平均值。B 县指标居于两区县之间，与全市平均值占比相近。

4. 县域配电网投资社会效益和环境效益指标分析

根据收资数据，总体分析 A 市、B 县、C 区 2018 年—2022 年配网工程社会效益与环境效益评价指标计算结果。针对县域特点，分析三县配网工程社会效益与环境效益方面具体情况。

（1）电力与经济发展综合指标。

××市配网电力增长 GDP 见表 5-25。

表 5-25　　　　　　　　　　　××市配网电力增长 GDP 表

序号	县域	电力增长 GDP（亿元）						
		2018 年	2019 年	2020 年	2021 年	2022 年	平均值	平均增长率（％）
1	A 市	10.23	11.43	−10.70	47.01	14.28	14.45	6.89
2	B 县	7.34	7.03	5.67	2.92	0.32	4.66	−46.60
3	C 区	16.12	15.88	10.62	3.07	0.20	9.18	−58.52
...	全市	12.44	11.65	1.83	18.15	4.94	9.80	−16.87

从市级指标变化趋势分析。2018—2022 年××市配网电力增长 GDP 呈现波动下降趋势，全市平均值由 2018 年的 12.44 亿元下降至 2020 年的 1.83 亿元，2020 年出现上升达到最大值 18.15 亿元，2022 年又回落至 4.94 亿元，较 2019 年指标降幅达 60％，平均增长率为−19.32％。从指标整体水平来看，××市配网电力增长 GDP 水平不稳定，县域配网电力供应对地方经济的贡献程度有待提高。

从各区县指标变化情况分析。2018—2022 年配网电力增长 GDP 指标 B 县、C 区整体均呈下降趋势，其中 B 县、C 区电力增长 GDP 减少趋势均很显著，由 2018 年的 7.34 亿元、16.12 亿元下降至 2022 年的 0.32 亿元、0.20 亿元，降幅达 96％、99％，平均增长率分别为－46.60%、－58.52%，电量增长对 GDP 的贡献程度越来越低；A 市指标整体呈现波动上升的趋势，基本与全市平均值变化保持同步，2020 年、2022 年指标出现下降，2022 年达到 14.28 亿元，涨幅达 40%，平均增长率为 6.89%。

从各区县指标对标情况分析。××市配网电力增长 GDP 指标仅 A 市高于全市平均水平，为 14.45 亿元；B 县、C 区电力增长 GDP 较小，低于全市平均水平，分别为 4.66 亿元、9.18 亿元。

（2）供电质量指标。

××市配网投诉次数见表 5-26。

表 5-26　　　　　　　　　　　　××市配网投诉次数表　　　　　　　　　　（单位：次）

序号	县域	投诉次数					
		2018 年	2019 年	2020 年	2021 年	2022 年	平均值
1	A 市	149	31	25	3	1	42
2	B 县	58	25	16	1	0	20
3	C 区	131	32	25	5	0	39
…	全市	115	30	22	3	0	34

从市级指标变化趋势分析。2018—2022 年××市配网投诉次数呈现显著下降趋势，全市平均值由 2018 年的 115 次下降至 2022 年的 0 次。从指标整体水平来看，××市配网投诉次数较少，县域配网工作的质量和效率不断提高，指标改善成果显著，极大地提升了用户体验感。

从各区县指标变化情况分析。2018—2022 年配网投诉次数 A 市、B 县、C 区均呈下降趋势，并且指标下降趋势均很显著，分别由 2018 年的 149 次、58 次、131 次下降至 2022 年的 1 次、0 次、0 次。

从各区县指标对标情况分析。××市配网投诉次数仅 B 县指标较小，低于全市平均水平，为 20 次；A 市、C 区投诉次数则高于全市平均水平，分别为 42 次、39 次，配网工作服务质量有待加强。

（3）清洁能源消纳指标。

××市光伏上网电量见表 5-27。

表 5-27　　　　　　　　　　　　　　××市光伏上网电量表

序号	县域	光伏上网电量（亿 kWh）						
		2018 年	2019 年	2020 年	2021 年	2022 年	平均值	平均增长率（%）
1	A 市	0.15	0.22	1.09	1.15	1.37	0.80	56.40
2	B 县	0.18	0.28	0.48	0.93	1.74	0.72	56.85
3	C 区	0.15	0.22	0.60	0.86	1.49	0.66	57.55
…	全市	0.15	0.22	1.09	1.15	1.37	0.80	56.40

从市级指标变化趋势分析。2018—2022 年××市光伏上网电量呈现上升趋势，全市平均值由 2018 年的 0.15 亿 kWh 上升至 2022 年的 1.37 亿 kWh，指标涨幅达 871％，平均增长率为 56.40％。从指标整体水平来看，××市光伏上网电量水平较高，清洁能源使用量不断提高，指标改善成果十分明显。

从各区县指标变化情况分析。2018—2022 年光伏上网电量 A 市、B 县、C 区整体均呈上升趋势，并且光伏上网电量增长趋势均很显著，分别由 2018 年的 0.15 亿 kWh、0.18 亿 kWh、0.15 亿 kWh 升高至 2022 年的 1.37 亿 kWh、1.74 亿 kWh、1.49 亿 kWh，涨幅达到 944％、836％、849％，年平均增长率分别为 56.40％、56.85％、57.55％。

从各区县指标对标情况分析。××市光伏上网电量 A 市与全市平均水平持平，为 0.80 亿 kWh，环境效益显著；B 县、C 区指标均低于全市平均水平，分别为 0.72 亿 kWh、0.66 亿 kWh。

（4）节能减排指标。

1）光伏发电减少标准煤消耗。

××市光伏发电减少标准煤消耗见表 5-28。

表 5-28 　　　　　　　　　　××市光伏发电减少标准煤消耗表

序号	县域	光伏发电减少标准煤消耗（万 t）						
		2018 年	2019 年	2020 年	2021 年	2022 年	平均值	平均增长率（％）
1	A 市	0.42	0.52	0.70	1.62	4.32	1.52	59.15
2	B 县	0.48	0.73	3.58	3.81	4.54	2.63	56.64
3	C 区	1.20	1.06	1.68	3.22	5.90	2.61	37.45
…	全市	0.71	0.78	2.02	2.94	5.01	2.29	47.67

从市级指标变化趋势分析。2018—2022 年××市光伏发电减少标准煤消耗呈现逐年上升趋势，全市平均值由 2018 年的 0.71 万 t 上升至 2022 年的 5.01 万 t，指标涨幅达 602％，平均增长率为 47.67％。从指标整体水平来看，××市光伏发电减少标准煤消耗水平较高，在减少燃烧标准煤方面的环保贡献不断提高，指标改善成果十分显著。

从各区县指标变化情况分析。2018—2022 年光伏发电减少标准煤消耗 A 市、B 县、C 区整体均呈上升趋势，其中 A 市、B 县指标上升趋势显著，分别由 2018 年的 0.42 万 t、0.48 万 t 升高至 2022 年的 4.32 万 t、4.54 万 t，涨幅达到 921％、843％，平均增长率分别为 59.15％、56.64％。

从各区县指标对标情况分析。××市光伏发电减少标准煤消耗 B 县、C 区指标均高于全市平均水平，分别为 2.63 万 t、2.61 万 t，环境效益显著；仅 A 市光伏发电减少标准煤消耗较少，低于全市平均水平，为 1.52 万 t。

2）二氧化碳减排量。

××市二氧化碳减排量见表 5-29。

表 5-29 　　　　　　　　　××市二氧化碳减排量表

序号	县域	二氧化碳减排量（万 t）						
		2018 年	2019 年	2020 年	2021 年	2022 年	平均值	平均增长率（%）
1	A 市	1.29	1.59	2.12	4.93	13.13	4.61	59.15
2	B 县	1.46	2.21	10.88	11.59	13.81	7.99	56.64
3	C 区	3.65	3.21	5.12	9.79	17.92	7.94	37.45
…	全市	2.17	2.38	6.15	8.92	15.23	6.97	47.67

从市级指标变化趋势分析。2018—2022 年××市二氧化碳减排量呈现上升趋势，全市平均值由 2018 年的 2.17 万 t 二氧化碳上升至 2022 年的 15.23 万 t 二氧化碳，指标涨幅达 602%，平均增长率为 47.67%。从指标整体水平来看，××市二氧化碳减排量水平较高，在减排二氧化碳方面的环保贡献不断提高，指标改善成果十分显著。

从各区县指标变化情况分析。2018—2022 年二氧化碳减排量 A 市、B 县、C 区整体均呈上升趋势，其中 A 市、B 县二氧化碳减排量增长趋势显著，分别由 2018 年的 1.29 万 t 二氧化碳、1.46 万 t 二氧化碳升高至 2022 年的 13.13 万 t 二氧化碳、13.81 万 t 二氧化碳，涨幅达到 921%、843%，平均增长率分别为 59.15%、56.64%，对当地碳减排事业贡献了极大的力量。

从各区县指标对标情况分析。××市二氧化碳减排量 B 县、C 区均高于全市平均水平，分别为 7.99 万 t 二氧化碳、7.94 万 t 二氧化碳，环境效益显著；仅 A 市二氧化碳减排量较少，低于全市平均水平，为 4.61 万 t 二氧化碳。

三、县域配电网建设综合成效分析

1．经济效益评价分析

（1）评价结果。

1）各县域总资产收益率。经济效益评价围绕"总资产收益率"指标开展测算与分析，××市各县域供电分公司总资产收益率见表 5-30。

表 5-30 　　　　　　　　××市各县域供电分公司总资产收益率 　　　　　（单位：%）

县域	2018 年	2019 年	2020 年	2021 年	2022 年	平均值
A 市	8.16	11.43	12.65	16.96	19.74	13.79
B 县	1.67	2.98	4.20	2.87	1.74	2.69

县域	2018 年	2019 年	2020 年	2021 年	2022 年	平均值
C 区	25.80	36.31	42.12	44.38	46.31	38.99
D 区	11.25	7.58	12.32	17.16	24.24	14.51
E 区	32.54	31.52	26.47	32.49	35.93	31.79
F 县	−4.47	−1.93	3.74	7.91	12.02	3.45
G 县	11.54	12.00	18.40	24.00	30.46	19.28
H 县	17.92	15.47	21.07	26.16	28.55	21.83
I 市	−0.22	−1.01	5.50	6.06	9.62	3.99
J 县	36.41	31.01	31.78	48.08	56.60	40.78
K 县	−0.63	0.41	7.74	10.69	16.54	6.95
L 县	−8.23	−7.65	1.71	4.93	11.74	0.50
M 县	6.98	6.96	12.81	21.25	27.38	15.08
N 县	−1.84	−2.51	2.24	4.81	7.46	2.03
O 市	51.18	47.87	42.32	43.26	49.64	46.85
P 市	27.02	26.09	25.37	33.65	37.82	29.99
Q 县	−2.20	−3.90	1.86	2.56	7.87	1.24
R 县	8.26	9.37	14.97	19.69	23.74	15.21
S 县	−7.08	5.62	10.54	12.04	17.50	7.72

　　××市各县域总资产收益率呈现上升趋势，资产整体盈利能力逐年提升。其中，B县、E区、H县、J县、O市、P市6个县域公司2018—2022年期间总资产收益率呈现波动上升趋势，其余13个县公司总资产收益率均保持逐年增长态势，单位资产盈利能力不断提升。部分县域公司个别年份总资产收益率小于0%，资产盈利能力不足。K县、S县2个县公司2018年年度投资利润小于0%，F县、I市、L县、N县、Q县5个县公司2018—2019年年度投资利润益小于0%，营业收入不足弥补各项营业成本，导致资产收益率小于0%，对××市营业利润贡献较低，投资盈利能力待提升。其中，B县固定资产总额由2018年3.59亿元，增长至2022年7.49亿元，同比提升2.09倍，然而2018—2019年累计年度投资利润0.21亿元，截至2022年总资产收益率仅为1.74%，投资回报较低。

　　2）评价县域经济效益指标。配网经济效益评价指标包括年度投资利润、年售电量、单位资产运维费率等，采用雷达图直观展示评价县域2018—2022年指标平均数据。评价县域配网经济效益指标展示图如图5-1所示。

　　评价县域对比，C区售电规模较大，资产盈利能力相对最优，年度投资利润、总资产收益率、年售电量等指标显著高于A市与B县。2022年总资产收益率指标，C区达到近5年最大值46.31%，A市达到19.74%，B县当年仅为1.74%。B县售电规模较小，

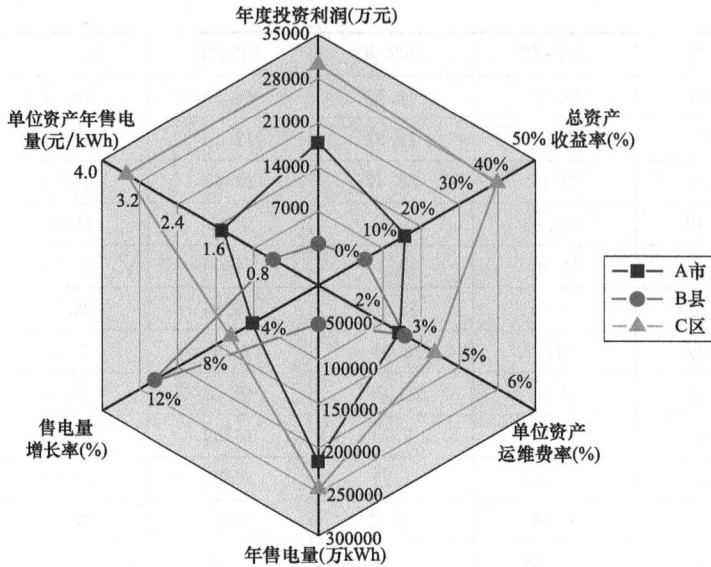

图 5-1 评价县域配网经济效益指标展示图

资产盈利能力较差，总资产收益率、年售电量等指标相对最低，但售电量增长率相对较高，年均增长率为 A 市 2.48 倍、C 区 1.86 倍，经济效益逐年向好。A 市配网经济效益介于 C 区与 B 县之间，固定资产总额处于三县最高水平，售电量略低于 C 区，规模较大，然而，年度投资利润低于 C 区，资产盈利能力待提升。三县年售电量总体保持增长态势，但增长态势逐年减缓，需多措并举提升县域售电能力。

（2）评价分析。

××市各县域供电分公司部分经济效益指标见表 5-31。

表 5-31　　　　　　　　××市各县域供电分公司部分经济效益指标

县域	2018—2022 年平均值				
	年度投资利润（万元）	固定资产总额（万元）	总资产收益率（%）	年售电量（万 kWh）	单位资产年售电量（kWh/元）
A 市	17775.86	124009.69	13.79	210411.89	1.7678
B 县	1586.14	58515.49	2.69	45652.067	0.8240
C 区	30289.39	74569.39	38.99	243631.07	3.5428
D 区	13145.78	84023.00	14.51	193766.51	2.3061
E 区	25790.77	80755.76	31.79	213043.51	2.6381
F 县	1783.33	40008.45	3.45	63190.88	1.5794
G 县	13746.37	67292.41	19.23	133407.07	1.9825
H 县	12412.42	54373.30	21.83	126345.32	2.3237
I 市	2429.51	50218.01	3.99	81179.20	1.6165

县域	2018—2022 年平均值				
	年度投资利润 （万元）	固定资产总额 （万元）	总资产收益率 （%）	年售电量 （万 kWh）	单位资产年售电量 （kWh/元）
J 县	21146.39	51405.61	40.78	167312.07	3.2547
K 县	5319.23	62869.40	6.95	102557.32	1.6313
L 县	977.57	58788.87	0.50	69073.30	1.1749
M 县	10901.69	65968.32	15.08	146762.43	2.2247
N 县	1212.02	46220.16	2.03	60813.64	1.3157
O 市	43349.60	93419.18	46.85	324657.42	3.4753
P 市	23128.04	75467.76	29.99	220393.60	2.9204
Q 县	1266.16	71260.01	1.24	84100.71	1.1802
R 县	8445.74	52709.69	15.21	93241.73	1.7690
S 县	6761.33	72808.62	7.73	123371.98	1.6945

采用平面象限散点图与 3D 立体散点图绘制××市各县域配网年度固定资产、与总资产收益率分布如图 5-2 所示，直观展示各县域资产与收益差异情况。

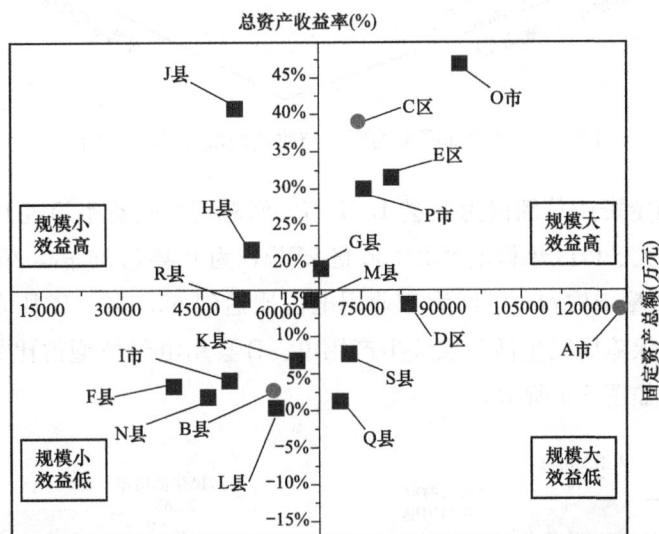

图 5-2　××市各县域配网年度固定资产与总资产收益率分布图

县域配网平均资产与收益情况立体分布图，如图 5-3 所示。

1）大工业用户占比较高，可有效提升县域单位资产售电量，进而提升配网资产盈利能力。处于第三象限的 B 县、L 县、Q 县，资产规模不大，总资产收益率较小，主要原因为单位资产售电量为××市最低，分别为 0.82kWh/元、1.17kWh/元、1.18kWh/元。对比

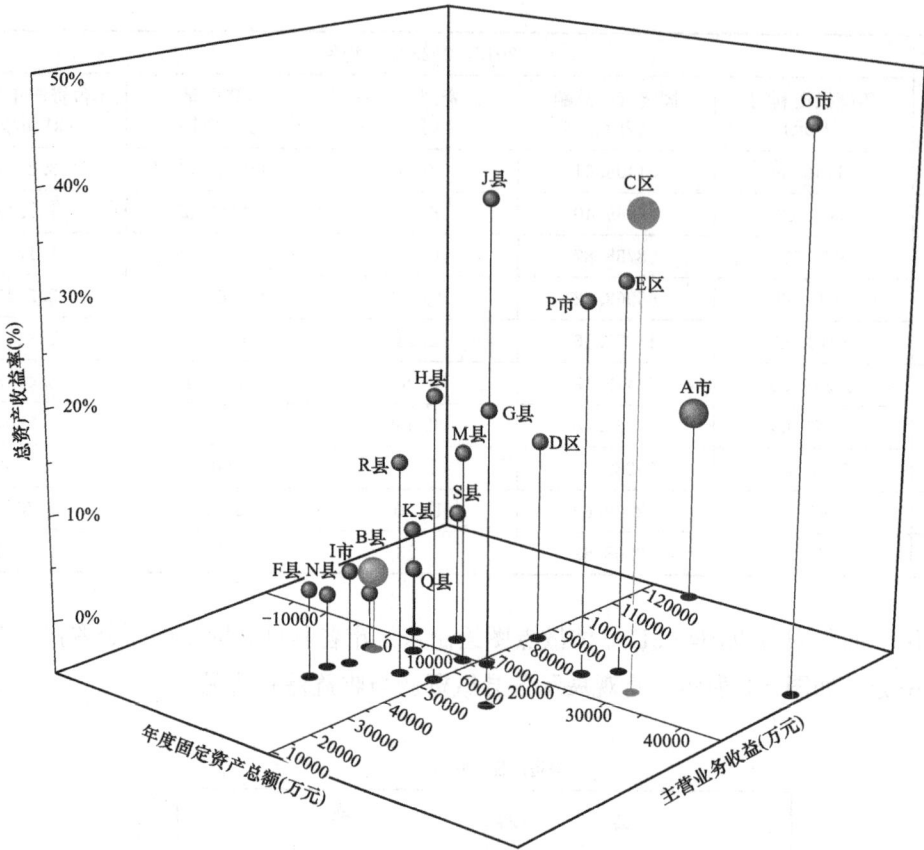

图 5-3　县域配网平均资产与收益情况立体分布图

第一象限 C 区，固定资产总额仅为 B 县 1.27 倍，而总资产收益率超过 B 县 36.29％，资产盈利能力差异较大。C 区年售电量 24.36 亿 kWh，为 B 县 5.34 倍，单位资产售电量为 B 县 4.30 倍。从电量结构看，C 区大工业用电占比达到 56.5％，B 县为 7.3％，B 县为典型农业县，主要保障居民生活与农业生产用电。B 县用电量类型占比如图 5-4 所示，C 区用电量类型占比如图 5-5 所示。

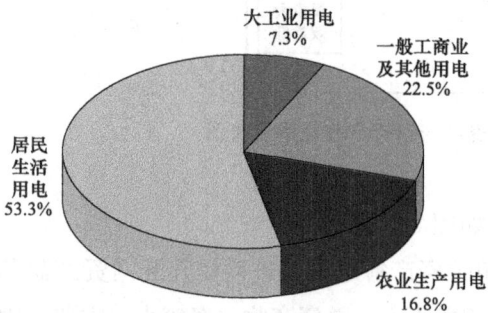

图 5-4　B 县用电量类型占比

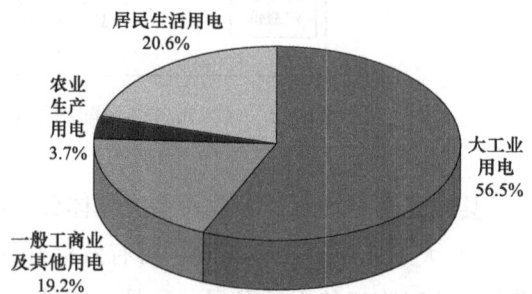

图 5-5　C 区用电量类型占比

2）地区经济发展水平差异为县域配网建设规模制约因素。评价县域中，A市地属平原，在地理区位上占有很大优势，城镇化率为58.14%，经济发展水平较高，2022年地区生产总值达到412.21亿元，远超C区与B县；C区虽属半山区，但近年经济发展速度保持较高水平，2022年地区生产总值为150.20亿元，三产占比为18∶29∶53；B县地处××山区，2020年初作为××省最后一批脱贫县脱贫，经济发展水平较差，2022年地区生产总值为64.29亿元，三产占比为30∶19∶51。处于第四象限的A县公司，固定资产总额为××市各县公司最大值，近5年平均值达到12.40亿元，分别为第一象限C县公司1.66倍、第三象限B县公司2.12倍。地区经济发展水平越高，生产总值越大，县域配网资产规模进而越大，受限于地区经济发展，B县公司配网资产规模相对较小。评价县域2022年地区生产总值如图5-6所示。

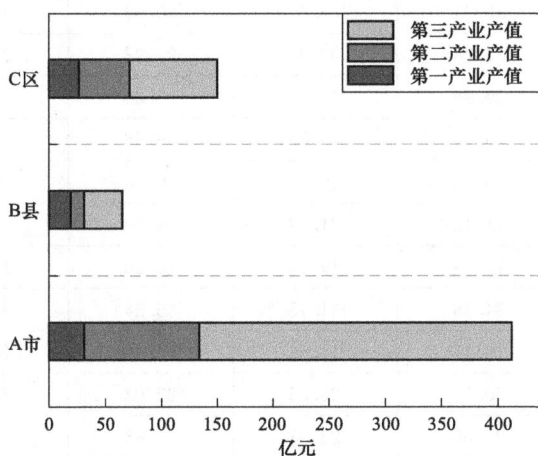

图5-6　评价县域2022年地区生产总值

3）部分县域固定资产规模与售电量、盈利能力不成正比。A市年均固定资产总额为12.40亿元，高于C区4.94亿元，资产规模为××市各县域最大水平。对比售电量，C区为24.36亿kWh，A市低于C区3.32亿kWh，年均售电量为21.04亿kWh，单位资产年售电量仅为C区0.50倍，最大的资产规模没有支撑A市售电量处于各县公司最高水平。C区年度投资利润为3.03亿元，高于A市1.25亿元，为A公司1.71倍。A市资产规模大，年度投资利润相对较低，使得总资产收益率相对低下，资产与盈利能力不成正比，C区资产规模处于××市各县域平均水平，年度投资利润相对较高，资产盈利能力较强。

4）运维精益化管理助力县公司开源节流，提升经济效益。处于第三象限的B县公司，资产规模较小、效益较低，年均单位资产运维费率为2.75%，对比第四象限A县公司，其单位资产运维费率为2.60%，低于B县0.16%。A市资产规模大，单位资产运维费在评价县域中相对最低，降低了公司营业成本，运维管理水平较好，资产收益率优于

B县公司。B县资产规模小，单位资产运维费高于A市，在保障供电优先的前提下，应考虑提升运维精益化管理水平，有效控制并降低单位资产运维费，提高利润空间。

2. 运行水平评价分析

（1）评价结果。

1）各县域配变平均负载率。运行水平评价围绕"配变平均负载率"指标开展测算与分析，××市各县域供电分公司配变平均负载率见表5-32。

表5-32　　　　　　　　××市各县域供电分公司配变平均负载率　　　　　　　（单位：%）

县域	2018年	2019年	2020年	2021年	2022年	平均值
A市	26.28	25.16	22.34	24.88	23.57	24.44
B县	11.38	9.33	10.46	10.23	10.17	10.31
C区	48.25	55.01	59.69	60.07	59.41	56.49
D区	24.45	21.78	20.93	22.92	22.85	22.59
E区	33.49	29.94	29.78	32.20	29.31	30.94
F县	22.44	20.07	19.55	19.68	19.55	20.26
G县	19.89	18.22	19.05	20.35	19.95	19.49
H县	23.56	21.18	21.43	21.70	21.64	21.90
I市	21.60	19.84	19.12	18.50	16.65	19.14
J县	37.78	34.46	31.18	35.24	32.88	34.31
K县	17.11	16.42	16.68	18.13	18.98	17.47
L县	22.73	20.77	20.05	23.02	25.29	22.37
M县	24.16	22.50	22.98	25.88	25.63	24.23
N县	17.60	16.13	16.35	16.92	17.32	16.86
O市	35.77	29.18	27.70	27.13	26.65	29.28
P市	37.24	36.63	34.44	37.44	36.05	36.36
Q县	24.58	21.23	19.17	18.89	19.27	20.63
R县	20.34	21.32	22.11	23.13	22.79	21.94
S县	29.94	27.25	26.35	24.08	24.88	26.50

××市各县域配变平均负载率呈现稳定态势，负载率并未大幅增长，部分县域指标数据逐年下降，供电可靠性得以保障。其中，A市、D区、L县等7个县公司近5年均维持在20%～30%水平内。然而，部分县域公司配变平均负载率过低，资产利用效率不足，部分县域配变平均负载率过高，供电质量与供电可靠性需进一步提升。其中，B县配变平均负载率仅为10.31%，资产利用效率低下，G县、I市、K县、N县低于20%，资产利用率需提升；E区、J县、P市3个县公司配变平均负载率高于30%，C区超过50%，为B县5.48倍，配变负载过高，供电质量易受影响，需考虑新增配变布点，通过合理分配负荷降低配变负载率。

2）评价县域运行水平指标。采用雷达图直观展示评价县域 2018—2022 年指标平均数据，评价县域配网运行水平指标对比图，如图 5-7 所示。

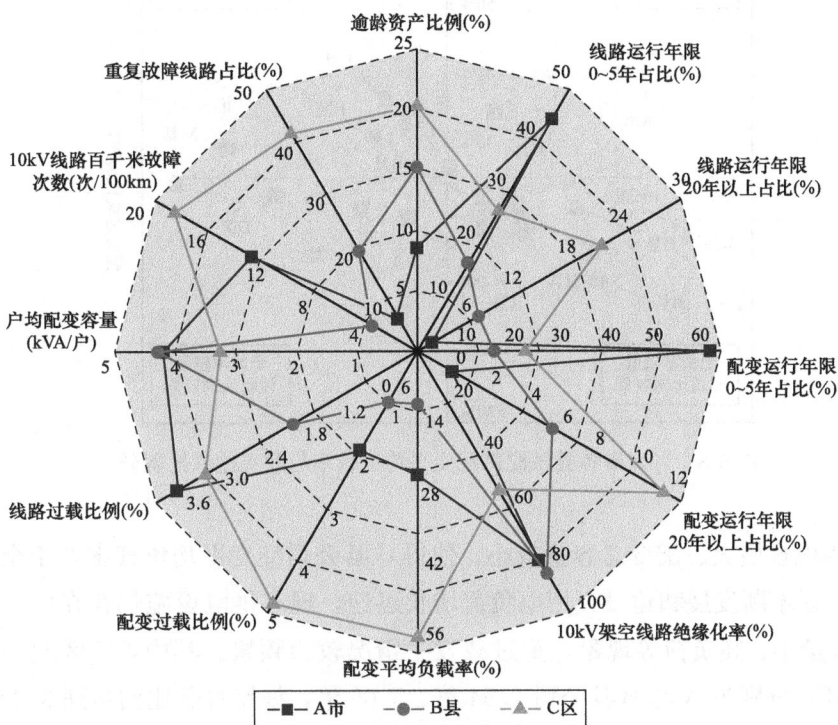

图 5-7 评价县域配网运行水平指标对比图

评价县域对比，C 区线路与配变运行年限较长，故障线路与故障发生次数较多，对配网安全稳定运行产生一定影响。其中，C 区线路运行 20 年以上占比达到 20.86%，为 A 市 12.15 倍、B 县 3.00 倍，A 市配变运行 0～5 年占比超过 50%，C 区仅为 A 市 0.37 倍。资产设备运行年限较长，导致逾龄资产占比较大、故障发生次数较多，C 区逾龄资产比例分别为 B 县、A 市 1.34、2.37 倍，10kV 线路百千米故障次数同比高于 B 县与 A 市。同时，设备运行年限较长、故障发生次数较多增加了资产运维管理成本，使得 C 区单位资产运维费高于 A 市与 B 县。

（2）评价分析。

采用平面象限散点图绘制××市各县域配网配变平均负载率与配变过载比例分布如图 5-8 所示，直观展示出各县域配变负载率差异情况。

1）配变负载率过高，重过载情况发生更为频繁。处于第二象限的 C 县公司，配变平均负载率为××市各县域最大值，近 5 年均值达到 56.49%，分别为第三象限 A 市、B 县公司 2.31 倍、5.48 倍。对比发现，A 与 C 县公司售电规模接近，而配电资产规模差异较大，截至 2022 年末，C 区配变台数为 2532 台，A 市为 C 区 1.70 倍，配变总数为

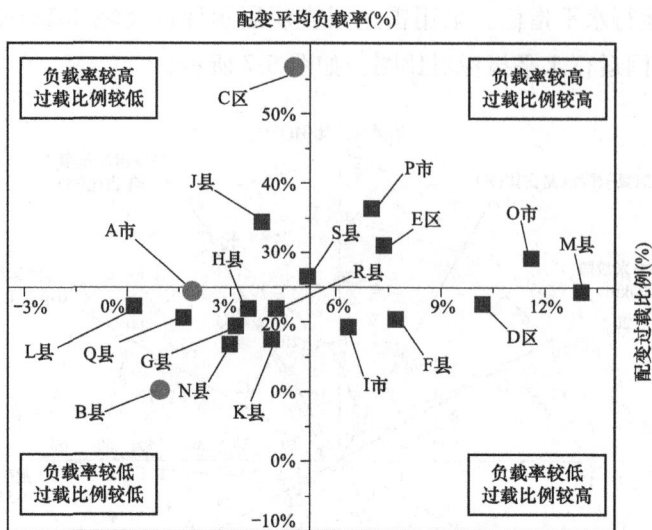

图 5-8　××市各县域配网配变平均负载率与配变过载比例分布

4548 台，售电规模大、配变总容量较小，使得 C 县公司配变平均负载率处于全市较高水平。随着 C 区不断发展和建设，用电负荷增长迅速，现有供电设施仍存在供电线路线径细、配变容量小、超负荷等现象，重过载发生情况较为频繁。其中，C 区配变过载比例达到 4.80%，分别为 A 与 B 县公司 2.54 倍、5.06 倍，线路过载比例达到 3.23%，高于 B 县 1.32%，部分用电需求已不能满足。

2）地形地势限制，增加了设备改造与运维管理难度。A 市地处平原地带，地势相对平坦；C 区属半山区，山区与丘陵占总面积 55%；B 县属山区，境内山峦起伏，地形差异导致建设成本等多方面存在不同。B 县与 C 区配网山区部分线路老旧、投运时间较长，运行 20 年线路占比分别为 A 市 4.05 倍、12.15 倍。B 县、C 区线路运行年限分布如图 5-9、图 5-10 所示。老旧线路占比较大，雷击跳闸现象发生较为频繁，给地区居民正常用电生活带来隐患，对配电线路安全稳定运行产生影响。并且山区老旧线路穿越林区，架空线路难以等间距架设，易在雷电、大风等恶劣的天气情况下发生线路绝缘击穿、相间短路等故障，加大了地区资产设备改造与运维管理难度。

3）逾龄资产占比大、故障发生次数多增加资产运维管理成本。位于第二象限的 C 县公司，线路与配变运行年限较长，逾龄资产占比达到 20.32%，分别高于 B 县与 C 区 8.56%、15.21%，逾龄设备占比大使得故障发生次数相对较多、故障线路占比相对较高。其中，C 区 10kV 线路百千米故障次数为 B 县 5.36 倍，高于 A 市 12.60 次，重复故障线路占比显著高于 A 市与 B 县。对比评价县公司单位资产运维费，C 区近 5 年均值为 3.76%，高于 B 县 1.01%，A 市资产设备呈现年轻化态势，单位资产运维费相对低于 C 区与 B 县，仅为 2.60%。

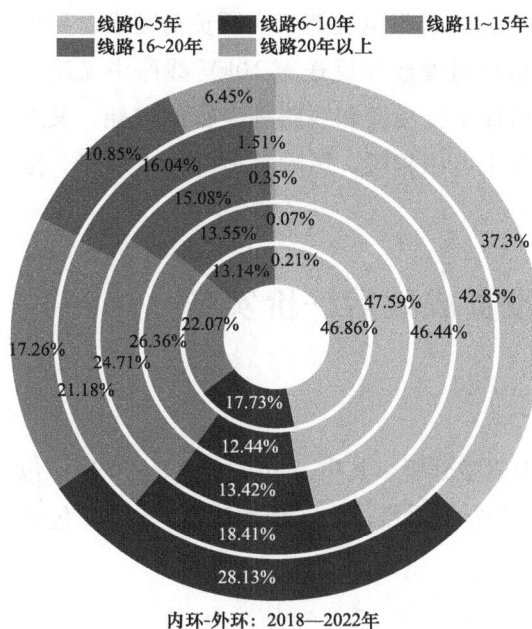

内环-外环：2018—2022年

图 5-9　B 县线路运行年限分布

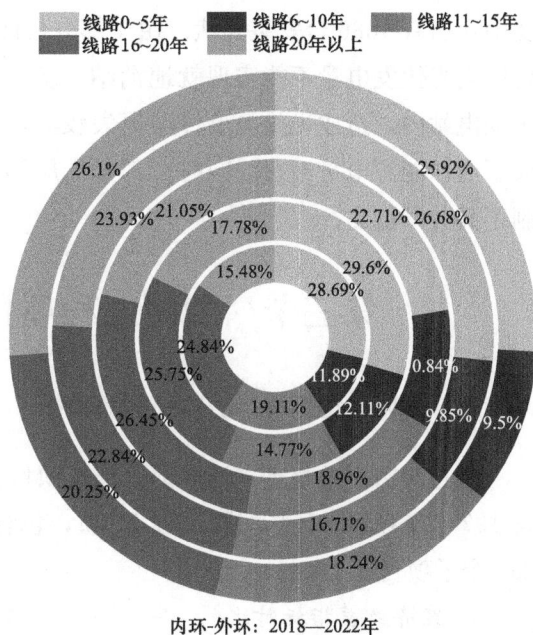

内环-外环：2018—2022年

图 5-10　C 区线路运行年限分布

3. 建设管理评价分析

评价县域中，三县配网工程投资结余率与设计偏差率均保持逐年向好态势，偏差可允许范围内工程数量占比逐年增多，投资管控效果较好。其中，A 市与 C 区投资结余率与设计偏差率在 0%～10% 区间范围内的工程项目，部分年份占比高于 70%，B 县相对较低，个别年份指标完成效果较差。然而，部分配网工程存在推迟完工、投资结余率偏高、设计偏差率较大等问题，建设管理水平仍需提升。

评价县域均存在投资结余率高于 20% 的工程项目，可研与初设没有完全发挥应有的投资管控作用，造成资金使用率不高，存在投资结余率偏高的问题。同时，部分工程设计偏差率与进度计划完成率偏差较大，里程碑节点计划未发挥其应有作用。

4. 社会与环境效益评价分析

评价县域中，三县配网投诉次数逐年降低，用户满意度不断提升，服务地区光伏发展建设势头强劲，光伏上网电量不断增长，社会与环境建设成效显著。其中，A 市投诉次数 5 年内减少了 148 次、C 区减少 131 次，B 县与 C 区 2022 年投诉次数未发生，A 市当年仅发生 1 次，供电服务质量显著提升；三县光伏上网电量 2018 年低于 2000 万 kWh，截至 2022 年末已超 1 亿 kWh，近 5 年提升 10 倍左右。随着光伏电量的不断增长，为当地碳减排环保事业贡献了极大力量，但同时也对光伏并网建设提出更多要求。

B 县与 C 区分布式光伏接入户数 2022 年度分别达到 2912 户、7246 户，光伏上网电量逐年增长。B 县 1900 台运行公变中，台区内已有 716 台安装光伏，C 区 2478 台运行公变中，已有 1086 台安装光伏。由于部分台区的光伏系统发电远超于实际负荷需求，导致台区内光伏发电量不能实现就地消纳，多余电量通过变压器反送至 10kV 线路中又反送至变电站内，造成光伏电量传输损失较大，既增加了变压器和线路等设备的损耗，又造成了清洁能源电量浪费。同时，部分低压用户发生电压越限，影响负荷的供电质量，限制了其并网能力。

第三节　配网工程项目投资成效后评价实务

一、配网典型工程经济效益测算分析

通过对数据的整理，选取部分样本项目作为典型分析，其中 A 市配网工程 20 项，包含 197 个子项目；B 县配网工程 27 项，包含 242 个子项目；C 区配网工程 36 项，包含 254 个子项目。

1. 经济效益指标对比

对三县 2018—2022 年 10kV 及以下投产项目进行梳理分析，按项目投资功能进行类型划分，其中 A 市包括机井通电工程、重过载治理工程、农网升级改造工程、故障治理工程、灾后重建工程；B 县包括重过载治理、农网升级改造、煤改电、灾后重建、光伏扶贫电站接入工程；C 区包括机井通电、重过载治理、农网升级改造、煤改电、故障治理工程。从经济效益的角度对五类典型项目进行评价，主要分析典型工程的单位投资增供电量、净现值、净现值率和内部收益率。

（1）典型工程平均单位投资增供电量。三县典型工程平均单位投资增供电量见表 5-33。

表 5-33　　　　　　　　三县典型工程平均单位投资增供电量　　　　　　（单位：kWh/元）

县域名称	故障治理	机井通电工程	农网升级改造工程	重过载治理	灾后重建	煤改电工程	光伏扶贫电站接入
A 市	14.31	2.31	4.34	28.60	5.00	—	—
B 县	—	—	2.95	1.75	1.57	4.64	3.54
C 区	6.67	0.16	10.41	8.06	—	6.29	—

从三县典型工程平均单位投资增供电量表数据来看，A 市机井通电工程、重过载治理工程、灾后重建工程和故障治理工程平均单位投资增供电量高于 B 县和 C 区的同类型工程，其中重过载治理工程平均单位投资增供电量为 28.60kWh/元，经济效益较好；B 县各类型工程平均单位投资增供电量低于 A 市和 C 区的同类型工程，其中灾后重建工程平均单位投资增供电量为 1.57kWh/元，经济效益较差；C 区农网升级改造工程和煤改电工程平均单位投资增供电量高于 A 市和 B 县的同类型工程，其中农网升级改造工程平均单位投资增供电量为 10.41kWh/元，经济效益较好，而机井通电工程平均单位投资增供

电量仅为 0.16kWh/元，经济效益较差。

（2）典型工程财务净现值与财务净现值率。根据收资情况，对典型工程运营期内运营数据进行整理预测，计算三县不同类型典型工程净现值与财务净现值率，并结合各类型典型工程差异化判据剔除噪声数据后给出各项工程子项目的经济效益评价等级。

三县各类典型工程平均财务净现值率见表 5-34。

表 5-34　　　　　　　　　三县各类典型工程平均财务净现值率　　　　　　（单位：%）

县域名称	机井通电	重过载治理	农网升级改造	故障治理	灾后重建	煤改电工程	光伏扶贫电站接入
A 市	−1.73	23.22	0.93	12.20	1.09	—	—
B 县	—	−1.92	−2.14	—	—	−0.78	−0.85
C 区	—	1.31	1.96	0.32	—	−1.03	—

　　A 市重过载治理工程平均财务净现值率最高，且评价等级为优的比例在三县中也最高；机井通电工程的平均财务净现值率为负值，且评价等级为中与差的比例超过 50%。B 县的典型工程经济效益较差，所有类型典型工程的平均财务净现值率均为负数，其中农网升级改造工程平均财务净现值率为 −2.14%，评价等级为中与差的比例超过 90%。C 区各类典型项目中，农网升级改造工程经济效益较好，经济效益评价等级为优的比例达到了 66.67%；煤改电工程经济效益较差，平均财务净现值率为负数。

三县各类型典型工程评价等级比例见表 5-35。

表 5-35　　　　　　　　　　三县各类典型工程评价等级比例　　　　　　　（单位：%）

县域名称	评价等级	机井通电	重过载治理	农网升级改造	故障治理	灾后重建	煤改电工程	光伏扶贫电站接入
A 市	优	8.57	32.18	53.33	100.00	40.00	—	—
	良	28.57	12.64	40.00	0.00	0.00	—	—
	中	48.57	55.17	6.67	0.00	60.00	—	—
	差	14.29	0.00	0.00	0.00	0.00	—	—
B 县	优	—	0.00	0.00	—	—	12.22	0.00
	良	—	0.00	3.03	—	—	36.67	64.52
	中	—	100.00	78.79	—	—	36.67	16.13
	差	—	0.00	18.18	—	—	14.44	19.35
C 区	优	—	1.55	66.67	13.75	—	20.00	—
	良	—	2.33	33.33	25.00	—	30.00	—
	中	—	96.12	0.00	57.50	—	20.00	—
	差	—	0.00	0.00	3.75	—	30.00	—

（3）典型工程内部收益率。三县各类典型工程内部收益率情况见表 5-36。

表 5-36 三县各类典型工程内部收益率 （单位：%）

县域名称	范围	机井通电	重过载治理	农网升级改造	故障治理	灾后重建	煤改电工程	光伏扶贫电站接入
A 市	＜0%	53.49	0.86	0.00	0.00	0.00	—	—
	0%～10%	27.91	11.21	43.75	0.00	50.00	—	—
	10%～20%	13.95	23.28	43.75	0.00	33.33	—	—
	＞20%	4.65	64.66	12.50	100.00	16.67	—	—
B 县	＜0%	—	75.00	94.29	—	—	45.05	83.53
	0%～10%	—	0.00	2.86	—	—	41.76	14.12
	10%～20%	—	0.00	0.00	—	—	9.89	2.35
	＞20%	—	25.00	2.86	—	—	3.30	0.00
C 区	＜0%	—	32.50	0.00	39.60	—	68.18	—
	0%～10%	—	28.33	25.00	31.68	—	22.73	—
	10%～20%	—	23.33	50.00	15.84	—	0.00	—
	＞20%	—	15.83	25.00	12.87	—	9.09	—

A 市故障治理工程内部收益率全部高于 20%；机井通电工程内部收益率相对较差，小于 0% 的项目占比 53.49%；在重过载治理工程中的内部收益率优于 B 县和 C 区，内部收益率大于 20% 的项目占比达 64.66%，小于 0% 的项目仅占 0.86%。

B 县灾后重建工程中所有项目内部收益率均小于 0%；农网升级改造工程内部收益率情况为三县最低，小于 0% 的项目占比达 94.29%；光伏扶贫电站接入工程中，83.53% 的项目内部收益率小于 0%。

C 区机井通电工程内部收益率均小于 0%；煤改电工程项目中内部收益率小于 0% 的项目占比 68.18%；农网升级改造工程内部收益率优于 A 市和 B 县，无内部收益率小于 0% 的项目，内部收益率位于 10%～20% 之间及大于 20% 的项目占比 75%。

2. 经济效益差异化评判标准

根据收资数据，计算各类型配网工程后评价指标的具体取值，统计分析得出不同类型典型工程各指标的取值范围。根据分析结果，给出差异化评判标准。这里主要对能够代表项目盈利能力的净现值率指标进行分析。

通过对 A 市、B 县、C 区三县典型项目经济效益的计算，得到不同类型配网投资工程经济效益评价指标净现值率，根据各类配网项目统计结果，计算各类型配网工程净现值率的期望 E 和标准差 E，对数据进行预处理时发现数据离散程度较大，存在明显的异常数据，故在对配网工程评价标准阈值进行确定时，将同类型配网工程中净现值率小于 $E-\sigma$ 和净现值率大于 $E+\sigma$ 的数据作为噪声数据剔除，并将去除噪声数据后的统计结果从大到小排序，计算修正后的期望 E_1 与 σ_1。进而设定净现值率大于等于 $E_1 + \sigma_1$ 的项目评价结果为优（当 $E_1 + \sigma_1 < 0$ 时，评价为优的阈值修正为 0），大于等于 E_1 但小于 $E_1 + \sigma_1$ 之间的项目评价结果为良，大于等于 $E_1 - \sigma_1$ 但小于 E_1 的项目评价结果为中，其余评价结果为差，并分别给出不同类型配网工程净现值率评价结果范围及期望见表 5-37。

表 5-37 不同类型配网工程净现值率评价结果范围及期望 （单位：%）

评价结果及期望	优	良	中	差	期望
机井通电工程	>0	−1.73～0	−2.84～−1.73	<−2.84	−1.73
重过载治理	>32.59	10.72～32.59	−11.15～10.72	<−11.15	10.72
农网升级改造	>0.86	−1.00～0.86	−2.85～−1.00	<−2.85	−1.00
灾后重建	>2.20	0.61～2.20	−0.99～0.61	<−0.99	0.61
煤改电	>0.36	−0.80～0.36	−1.95～−0.80	<−1.95	−0.80
故障治理	>4.19	0.29～4.19	−3.62～0.29	<−3.62	0.29
光伏扶贫电站接入	>0	−0.85～0	−1.07～−0.85	<−1.07	−0.85

剔除噪声数据后，各县域不同类型配网投资工程净现值率取值范围见表 5-38。

表 5-38 各县域不同类型配网投资工程净现值率取值范围 （单位：%）

项目类型	A 市	B 县	C 区
机井通电工程	−3.10～0.55	—	—
重过载工程	−1.56～93.61	−3.46～1.61	−7.39～76.46
农网升级改造	−1.05～3.14	−3.13～−0.99	−0.90～3.69
灾后重建	−0.45～2.68	—	—
煤改电	—	−3.06～1.89	−3.29～0.78
故障治理	10.48～13.92	—	−3.69～11.43
光伏扶贫电站接入	—	−1.34～−0.41	—

3. 经济效益评价结论

本节对三县配网典型工程经济效益进行分析，得出结论如下。

（1）从三县典型工程平均单位投资增供电量表数据来看，A 市机井通电工程、重过载治理工程、灾后重建工程和故障治理工程平均单位投资增供电量高于 B 县和 C 区的同类型工程，其中重过载治理工程平均单位投资增供电量为 28.60kWh/元，经济效益较好；B 县各类型工程平均单位投资增供电量低于 A 市和 C 区的同类型工程，其中灾后重建工程平均单位投资增供电量为 1.57kWh/元，经济效益较差；C 区农网升级改造工程和煤改电工程平均单位投资增供电量高于 A 市和 B 县的同类型工程，其中农网升级改造工程平均单位投资增供电量为 10.41kWh/元，经济效益较好，而机井通电工程平均单位投资增供电量仅为 0.16kWh/元，经济效益较差。

（2）从三县典型工程平均财务净现值率数据来看，A 市重过载治理工程平均财务净现值率最高，且评价等级为优的比例在三县中也最高；机井通电工程的平均财务净现值率为负值，且评价等级为中与差的比例超过 50%。B 县的典型工程经济效益较差，所有类型典型工程的平均财务净现值率均为负数，其中灾后农网升级改造工程平均财务净现值率为 −2.14%，评价等级为中与差的比例超过 90%。C 区各类典型项目中，农网升级改造工程经济效益较好，经济效益评价等级为优的比例达到了 66.67%；煤改电工程经济效益较差，平均财务净现值率为负数。

（3）从三县典型工程内部收益率数据来看，A 市重过载治理工程内部收益率优于 B 县和 C 区，内部收益率大于 20% 的项目占比达 64.66%，小于 0% 的项目仅占 0.86%；故障治理工程内部收益率全部高于 20%；机井通电工程内部收益率相对较差，小于 0% 的项目占比 53.49%。B 县重过载治理工程内部收益率为三县最低，内部收益率小于 0% 的项目占75%；农网升级改造工程内部收益率情况为三县最低，小于 0% 的项目占比达 94.29%；光伏扶贫电站接入工程中，83.53% 的项目内部收益率小于 0%。C 区煤改电工程项目中内部收益率小于 0% 的项目占比 68.18%；农网升级改造工程内部收益率优于 A 市和 B县，无内部收益率小于 0% 的项目，内部收益率位于 10%～20% 之间及大于 20% 的项目占比 75%。

二、配网典型工程运行水平分析

1. 运行水平指标测算

共选取配变最大负载率、配变平均负载率、重过载天数、平均负荷及增长系数四个指标，对各县典型项目工程进行配网安全运行测算分析。A 市典型农网升级改造工程共包含 1 个项目，20 个台区；典型机井通电工程共包含 2 个项目，53 个台区；典型重过载治理工程共包含 15 个项目，121 个台区。B 县典型农网升级改造工程共包含 11 个项目，36 个台区；典型重过载治理工程共包含 1 个项目，4 个台区；典型煤改电工程共包含 4个项目，60 个台区；典型光伏扶贫电站接入工程共包含 6 个项目，85 个台区。C 区典型农网升级改造工程共包含 2 个项目，4 个台区；典型机井通电工程共包含 1 个项目，6 个台区；典型煤改电工程共包含 1 个项目，22 个台区；典型重过载治理工程共包含 23 个项目，155 个台区。

（1）配变最大负载率。配变最大负载率分为 80% 以上、80%～60%、60%～40%、40%～20% 和 20% 以下五个区间，统计区间分布情况。

1）A 市典型工程配变年最大负载率。A 市典型工程配变年最大负载率区间分布情况见表 5-39。

表 5-39　　　　　　　A市典型工程配变年最大负载率区间分布情况　　　　（单位：项）

项目类型	区间	2018	2019	2020	2021	2022
农网升级改造工程	80%以上	0	0	0	0	0
	80%～60%	0	2	2	1	0
	60%～40%	5	7	7	7	0
	40%～20%	5	6	7	8	0
	20%以下	10	5	4	4	20
机井通电工程	80%以上	1	6	0	13	0
	80%～60%	1	0	0	5	0
	60%～40%	12	3	0	5	21
	40%～20%	0	3	53	5	1
	20%以下	39	41	0	25	31
重过载治理工程	80%以上	15	19	7	12	10
	80%～60%	5	7	15	20	6
	60%～40%	7	11	37	23	7
	40%～20%	4	4	45	50	7
	20%以下	90	80	17	16	91

A市典型农网升级改造工程配变最大负载率 2018 年主要分布于 20%以下的区间内；2019、2020、2021 年主要分布于 20%～60%之间；2022 年均分布于 20%以下的区间。2018～2022 年 A 市典型机井通电工程配变最大负载率除 2020 年外主要集中分布于 20%以下的区间；2020 年均分布于 20%～40%区间。A 市 2018 年、2019 年和 2022 年典型重过载治理工程配变最大负载率主要集中分布在 20%以下的区间；2020 年和 2021 年主要分布于 20%～40%区间。

2）B县典型工程配变年最大负载率。B县典型工程配变年最大负载率区间分布情况见表 5-40。

表 5-40　　　　　　　B县典型工程配变年最大负载率区间分布情况　　　　（单位：项）

项目类型	区间	2018	2019	2020	2021	2022
农网升级改造工程	80%以上	10	7	3	3	5
	80%～60%	4	3	4	3	2
	60%～40%	2	9	6	8	5
	40%～20%	5	8	16	13	4
	20%以下	19	13	11	13	24

续表

项目类型	区间	2018	2019	2020	2021	2022
重过载治理工程	80%以上	1	2	0	1	0
	80%~60%	0	1	3	1	2
	60%~40%	0	0	1	0	0
	40%~20%	0	0	0	2	1
	20%以下	3	1	0	0	1
煤改电工程	80%以上	12	12	10	15	0
	80%~60%	11	11	10	10	0
	60%~40%	14	12	23	16	1
	40%~20%	5	7	3	5	10
	20%以下	18	18	14	14	49
光伏扶贫电站接入工程	80%以上	—	—	6	57	0
	80%~60%	—	—	49	26	0
	60%~40%	—	—	7	2	0
	40%~20%	—	—	3	0	0
	20%以下	—	—	20	0	85

注 由于光伏扶贫电站接入工程均于 2019 年投产,故在此只分析 2020—2022 年的配变最大负载率分布情况。

B 县典型农网升级改造工程年配变最大负载率主要分布于 40% 及以下区间。典型重过载治理工程的配变最大负载率的区间分布情况较为分散,整体上看,配变最大负载率分布于 80% 及以下区间的台区数量均超过了 50%。典型煤改电工程的配变最大负载率区间分布情况较为分散,但整体而言分布于 80% 及以下区间的台区数量均超过了 50%,2022 年配变最大负载率集中分布于 20% 及以下区间内。2020 年光伏扶贫电站接入工程的配变最大负载率主要集中于 60%~80% 区间内,2021 年主要集中于 80% 以上区间内,2022 年均处于 20% 及以下区间。

3)C 区典型工程配变年最大负载率。C 区典型工程配变年最大负载率区间分布情况见表 5-41。

表 5-41 **C 区典型工程配变年最大负载率区间分布情况** (单位:项)

项目类型	区间	2018	2019	2020	2021	2022
农网升级改造工程	80%以上	0	0	0	0	0
	60%~80%	1	1	2	0	0
	40%~60%	2	2	2	1	1
	20%~40%	1	1	0	0	2
	20%以下	0	0	0	3	1

项目类型	区间	2018	2019	2020	2021	2022
机井通电工程	80%以上	0	0	0	0	0
	60%~80%	2	2	1	0	1
	40%~60%	1	1	2	0	0
	20%~40%	0	0	1	0	0
	20%以下	3	3	2	6	5
煤改电工程	80%以上	1	3	0	1	0
	60%~80%	0	1	1	0	0
	40%~60%	0	2	4	0	0
	20%~40%	0	3	6	0	0
	20%以下	21	13	11	21	22
重过载治理工程	80%以上	60	71	50	27	29
	60%~80%	17	19	27	30	15
	40%~60%	19	16	28	50	23
	20%~40%	8	6	12	38	37
	20%以下	51	43	38	10	51

C区典型农网升级改造工程 2018—2020 年配变最大负载率均分布于 20%～80% 及以下区间，2021—2022 年均分布于 60% 及以下。典型机井通电工程配变最大负载率主要集中分布于 20% 以下的区间内；2021 年均分布于 20% 以下区间内。典型煤改电工程配变最大负载率主要集中分布在 20% 以下的区间内。典型重过载治理工程配变最大负载率区间分布较为分散，且均有变压器最大负载率超过 80%，达到重过载状态。

（2）配变平均负载率。配变平均负载率分为 80% 以上、80%～60%、60%～40%、40%～20% 和 20% 以下五个区间，统计区间分布情况。

1）A 市典型工程配变年平均负载率。A 市典型工程配变年平均负载率区间分布情况见表 5-42。

表 5-42　　　　　　　A市典型工程配变年平均负载率区间分布情况　　　　　　（单位：项）

项目类型	区间	2018	2019	2020	2021	2022
农网升级改造工程	80%以上	0	0	0	0	1
	80%~60%	0	0	0	1	0
	60%~40%	0	1	1	0	0
	40%~20%	5	7	9	10	9
	20%以下	15	12	10	9	10

续表

项目类型	区间	2018	2019	2020	2021	2022
机井通电工程	80%以上	0	0	0	0	17
	80%～60%	0	0	0	0	0
	60%～40%	0	0	0	0	21
	40%～20%	0	18	0	3	0
	20%以下	53	35	53	50	15
重过载治理工程	80%以上	0	3	1	1	4
	80%～60%	8	6	8	6	7
	60%～40%	4	9	11	14	20
	40%～20%	9	15	36	52	38
	20%以下	100	88	65	48	52

A市典型农网升级改造工程2018—2022年的配变平均负载率主要分布在40%以下，2022年一台变压器的配变平均负载率达到了80%以上。2018—2022年典型机井通电工程的配变平均负载率在前四年分布相对集中，集中分布于20%以下；2022年分布在20%以下平均负载率的台数大幅减少，资源利用率相对提高。A市典型重过载治理工程2018—2022年的配变平均负载率分布在20%以下的台数较多，但在逐年降低，2022年有所回升。

2）B县典型工程配变年平均负载率。B县典型工程配变年平均负载率区间分布情况见表5-43。

表5-43　　　　　　　B县典型工程配变年平均负载率区间分布情况　　　　（单位：项）

项目类型	区间	2018	2019	2020	2021	2022
农网升级改造工程	80%以上	0	0	0	0	0
	80%～60%	0	0	0	0	0
	60%～40%	0	0	1	1	1
	40%～20%	2	5	5	2	1
	20%以下	38	35	34	37	38
重过载治理工程	80%以上	0	0	0	0	0
	80%～60%	0	0	0	0	0
	60%～40%	0	0	0	0	0
	40%～20%	0	2	2	2	2
	20%以下	4	2	2	2	2
煤改电工程	80%以上	0	0	0	0	0
	80%～60%	0	0	1	0	0
	60%～40%	0	0	2	2	2
	40%～20%	2	3	3	4	8
	20%以下	58	57	54	54	50

续表

项目类型	区间	2018	2019	2020	2021	2022
光伏扶贫电站接入工程	80%以上	—	—	0	0	0
	80%～60%	—	—	0	0	0
	60%～40%	—	—	0	0	0
	40%～20%	—	—	0	0	0
	20%以下	—	—	85	85	85

注　由于光伏扶贫电站接入工程均于 2019 年投产，故在此只分析 2020—2022 年的配变最大负载率分布情况。

B 县典型农网升级改造工程 2018—2022 年配变平均负载率主要分布于 20% 以下区间，均未超过 60%。2018—2022 年典型重过载治理工程的配变平均负载率均小于 40%，其中 2018 年均分布于 20% 及以下区间，2019—2022 年平均分布于 20%～40% 区间和 20% 及以下区间内。2018—2021 年典型煤改电工程的配变平均负载率集中分布于 20% 及以下区间。2020—2022 典型光伏扶贫电站接入工程的配变平均负载率均处于 20% 及以下区间内。

3）C 区典型工程配变年平均负载率。C 区典型工程配变年平均负载率区间分布情况见表 5-44。

表 5-44　　　　　　　　C 区典型工程配变年平均负载率区间分布情况　　　　　　（单位：项）

项目类型	区间	2018	2019	2020	2021	2022
农网升级改造工程	80%以上	0	0	0	0	0
	60%～80%	0	0	0	0	0
	40%～60%	0	0	0	0	0
	20%～40%	1	3	2	2	2
	20%以下	3	1	2	2	2
机井通电工程	80%以上	0	0	0	0	0
	60%～80%	0	0	0	0	0
	40%～60%	0	0	0	0	0
	20%～40%	0	0	0	0	0
	20%以下	6	6	6	6	6
煤改电工程	80%以上	0	0	1	0	1
	60%～80%	0	1	1	2	1
	40%～60%	0	1	0	1	1
	20%～40%	0	2	2	2	3
	20%以下	22	18	18	17	16

项目类型	区间	2018	2019	2020	2021	2022
重过载治理工程	80%以上	3	4	4	3	3
	60%~80%	5	3	8	5	7
	40%~60%	13	26	16	22	20
	20%~40%	51	49	60	64	57
	20%以下	83	73	67	61	68

C 区典型农网升级改造工程配变平均负载率 2018—2022 年集中分布于 20%~40% 和 20% 以下的区间内，资产利用效率相差较小。典型机井通电工程配变平均负载率全部集中分布于 20% 以下的区间内。2018—2022 年煤改电工程配变平均负载率主要集中分布在 20% 以下的区间内。典型重过载治理工程配变平均负载率主要分布在 40% 及以下区间，分布较为分散，且均有变压器最大负载率超过 80%，达到重过载状态。

（3）重载与过载天数。

1）A 市典型工程重载与过载天数。A 市典型工程重载与过载天数变化情况见表 5-45。

表 5-45　　　　　　　A 市典型工程重载与过载天数变化情况　　　　（单位：天）

项目类型	2018	2019	2020	2021	2022
农网升级改造工程	0/0	0/0	0/0	6/0	0/0
机井通电工程	9/0	54/0	0/0	4/81	0/0
重过载治理工程	145/143	96/102	5/12	8/3	26/0

如表 5-45 所示，统计范围内 A 市典型农网升级改造工程包含 1 个项目，于 2017 年进行了升级改造，改造之后效果明显，2018—2022 年中仅 2021 年发生了 6 天的重载情况。典型机井通电工程包含 2 个项目，均于 2017 年进行了配变改造及新建工程，但随着负荷的增加在统计范围内又发生了重过载情况，还需进行治理。典型重过载治理工程于 2018—2019 年、2021—2022 年配变改造及新建了 15 个项目，整体而言，改造后的重过载情况有所缓解，但随着负荷的增加，后期又发生了重过载情况，还需进行进一步治理。

2）B 县典型工程重载与过载天数。B 县典型工程重载与过载天数变化情况见表 5-46。

表 5-46　　　　　　　B 县典型工程重载与过载天数变化情况　　　　（单位：天）

项目类型	2018	2019	2020	2021	2022
农网升级改造工程	12/276	21/131	0/29	3/0	40/0
重过载治理工程	2/38	4/12	0/0	0/0	0/0
煤改电工程	35/32	15/2	0/0	3/4	0/7
光伏扶贫电站接入工程	—	—	0/19	214/394	0/113

注　由于光伏扶贫电站接入工程均于 2019 年投产，故在此只分析 2020—2022 年的重过载天数情况。

　　统计范围内 B 县的典型农网升级改造工程包含 11 个项目，其中于 2017 年和 2018 年进行配变新增的项目各有 1 个，其余项目于 2019 年进行的配变新增。如表 5-46 所示，整体而言重过载情况有所缓解，但随着负荷的增加，后期又发生了重过载情况，应及时解决变压器重过载问题。典型重过载治理工程包含 1 个项目，于 2019 年进行了配变改造且改造效果显著，消除了重过载情况。典型煤改电工程包含 4 个项目，其中于 2019 年进行配变新建的有 1 个项目，其余项目于 2022 年进行的配变改造及新建。整体而言，改造后的重过载情况有所缓解，但随着负荷的增加，后期又发生了重过载情况，还需进行治理。典型光伏扶贫电站接入工程包含 6 个项目且均于 2019 年投产，2020—2022 年每年均有重过载情况发生，应根据负荷情况适时解决变压器过载问题。

　　3）C 区典型工程重载与过载天数。C 区典型工程重载与过载天数情况如下。

　　C 区统计范围内的重载与过载配变进行改造后，重过载天数明显减少。C 区典型工程重载与过载天数变化情况见表 5-47。

表 5-47　　　　　　　C 区典型工程重载与过载天数变化情况　　　　　　（单位：天）

项目类型	2018	2019	2020	2021	2022
农网升级改造工程	0/0	0/0	0/0	0/0	0/0
机井通电工程	0/0	0/0	0/0	0/0	0/0
煤改电工程	4/0	0/0	0/0	0/0	0/0
重过载治理工程	215/702	385/396	385/37	14/53	92/11

　　如表 5-47 所示，统计范围内 C 区典型农网升级改造工程（包含 2 个项目）和典型机井通电工程（包含 1 个项目）均未发生重过载情况，配变可靠性较好。典型煤改电工程包含 1 个项目，于 2018 年进行了配变改造及新建工程，改造后消除了重过载情况。典型重过载治理工程于 2017—2020 年配变改造了 23 个项目。整体而言，改造后的重过载情况有所缓解，但随着负荷的增加，后期又发生了重过载情况。

　　（4）平均负荷及增长系数。

　　1）A 市典型工程平均负荷及增长系数。A 市典型工程平均负荷及增长系数见表 5-48。

表 5-48　　　　　　　　A 市典型工程平均负荷及增长系数

项目类型	指标	2018	2019	2020	2021	2022
农网升级改造工程	平均负荷（kW）	165.89	345.89	350.13	297.05	446.00
	平均负荷增长系数（%）	—	108.51	1.23	−15.16	50.14
机井通电工程	平均负荷（kW）	51.84	159.25	194.45	106.98	282.71
	平均负荷增长系数（%）	—	207.17	22.11	−44.98	164.26
重过载治理工程	平均负荷（kW）	1378.80	1635.13	2562.47	2972.86	3699.88
	平均负荷增长系数（%）	—	18.59	56.71	16.02	24.46

A市典型农网升级改造工程2018—2022年平均负荷波动变化，由2018年165.89kW增加至2020年350.13kW，后减少至2021年297.05kW，最后2022年增加至446.00kW。典型机井通电工程平均负荷2018—2020年逐年增加，由51.84kW增加至282.71kW，2021年减少至106.98kW，2022年增加至282.71kW，增幅较大。A市2018—2022年典型重过载治理工程平均负荷逐年增加，由1378.80kW增加至3699.88kW。

2）B县典型工程平均负荷及增长系数。B县典型工程平均负荷及增长系数见表5-49。

表5-49 　　　　　　　　　　 B县典型工程平均负荷及增长系数

项目类型	指标	2018	2019	2020	2021	2022
农网升级改造工程	平均负荷（kW）	216.73	290.88	378.12	438.27	377.69
	平均负荷增长系数（%）	—	34.22	29.99	15.91	−13.82
重过载治理工程	平均负荷（kW）	65.44	70.95	73.98	96.70	98.21
	平均负荷增长系数（%）	—	8.42	4.27	30.71	1.56
煤改电工程	平均负荷（kW）	403.68	437.00	459.09	614.63	724.83
	平均负荷增长系数（%）	—	8.25	5.05	33.88	17.93
光伏扶贫电站接入工程	平均负荷（kW）	—	—	265.65	3794.90	3666.56
	平均负荷增长系数（%）	—	—	—	1328.53	−3.38

注　由于光伏扶贫电站接入工程均于2019年投产，故在此只分析2020—2022年的平均负荷及增长系数情况。

B县农网升级改造典型工程平均负荷呈现平稳上升趋势，2022年有所减少，2021年平均负荷最大。重过载治理典型工程平均负荷呈现平稳上升趋势，电量供应逐年增长，2021年相较其他年份增长幅度较大。煤改电典型工程平均负荷呈现平稳上升的趋势，电量供应逐年增长，2021年增长幅度较大，煤改电典型工程平均负荷均大于400kW。光伏扶贫电站接入典型工程平均负荷先增后减，其中相比2020年，由于2021年供电量激增，2021年平均负荷出现大幅增长的情况，2021—2022年光伏扶贫电站接入工程平均负荷较平稳。

3）C区典型工程平均负荷及增长系数。C区典型工程平均负荷及增长系数见表5-50。

表5-50 　　　　　　　　　　 C区典型工程平均负荷及增长系数

项目类型	指标	2018	2019	2020	2021	2022
农网升级改造工程	平均负荷（kW）	69.12	103.39	77.33	105.75	121.10
	平均负荷增长系数（%）	—	49.58	−25.21	36.75	14.51
机井通电工程	平均负荷（kW）	16.43	34.86	12.40	17.89	19.90
	平均负荷增长系数（%）	—	112.17	−64.43	44.27	11.24
煤改电工程	平均负荷（kW）	32.23	82.26	277.36	339.49	383.61
	平均负荷增长系数（%）	—	155.23	237.17	22.40	13.00

续表

项目类型	指标	2018	2019	2020	2021	2022
重过载治理工程	平均负荷（kW）	3803.88	4268.74	3425.27	4682.94	5522.11
	平均负荷增长系数（%）	—	12.22	−19.76	36.72	17.92

C区典型农网升级改造工程平均负荷一直处于波动变化中，近三年逐年增加，平均负荷增长系数波动较大，其中在2020年出现负增长情况。典型机井通电工程平均负荷一直处于波动变化中，且相对于其他典型工程较低；2019—2022年平均负荷增长系数波动幅度较大。典型煤改电工程平均负荷逐年增加，由32.23kW增加至383.61kW；2019—2022年平均负荷增长系数呈先升后降再升的趋势，由最初2019年的155.23%到最后2022年13.00%，2018—2021年波动幅度较大，2021年之后较为平稳。典型重过载治理工程平均负荷总体呈增加趋势；2019—2022年平均负荷增长系数呈先降后升再降的趋势，波动幅度较大。

2. 运行水平评价结论

本节对三县配网典型工程运行水平进行分析，得出结论如下。

（1）通过对A市2018—2022年3个典型项目工程的四个指标进行测算分析，可以看出3个典型项目工程的配变运行主要处于轻载和中载状态，但个别处于重过载状态，重过载情况每年都有发生；平均负荷整体呈增加趋势，2022年3个典型项目工程的平均负荷增长系数均达到了20%以上。整体而言，A市配网典型工程的配变资产利用效率有待提高，配变安全运行可靠性较好，但仍需注意对重过载配变进行治理；如果短期内出现新的负荷增长变化，或具有一定的投资需求。

（2）通过对B县2018—2022年4个典型项目工程的四个指标进行测算分析，可以看出4个典型项目工程的配变运行主要处于轻载和中载状态，但仍有部分配变处于重过载状态，且重过载情况每年都有发生；不同工程类型的平均负荷相差较大，评价期内的增减变化多样；农网升级改造工程和光伏扶贫电站接入工程2022年的平均负荷增长系数出现了负增长，增长最多的煤改电工程2022年的平均负荷增长系数也未超过20%。

（3）通过对C区供电公司5个典型项目工程的四个指标进行测算分析，可以看出5个典型项目工程的配变运行主要处于轻载和中载状态，但部分处于重过载状态。典型农网升级改造工程和典型机井通电工程5年内均未有重过载情况的发生；典型煤改电工程仅2018年出现重过载情况，以后年份没有出现；典型重过载治理工程出现重过载的情况最为严重，每年都有发生，但整体上近3年出现的频率有所减少。不同工程类型的平均负荷相差较大，整体呈增加趋势，2022年4个典型项目工程的平均负荷增长系数均达到了10%以上。

三、配网典型工程社会效益对比分析

1. 社会效益指标测算

（1）美丽乡村、老旧小区改造、农网升级改造工程。随着生活水平不断提高及新民

居村建设政策的实施，农村的用电负荷增长迅速，现有供电设施存在供电线路线径细、配变容量小、严重超负荷等现象，已不能满足居民生产、生活的用电需求。为满足农村用电需求，促进地区经济快速发展，急需要对农村电网进行升级改造。A 市、B 县、C 区近几年来都采取了众多举措，加快农村电网改造升级，给农民带来便利。包括 A 市 2017 年度第一批中心村电网改造升级工程、B 县 2017 年度第一批中心村电网改造升级工程、C 区 2017 年度第一批中心村电网改造升级工程等。三县典型工程增供电量统计表见表 5-51。

表 5-51   三县典型工程增供电量统计表

项目名称	子项目编码	近 5 年平均年增供电量（kWh）
A 市 2017 年度第一批中心村电网改造升级工程	A0017001	994999.6
	A0017002	529200.1
	A0017003	512027
	A0017004	413647.3
	A0017005	361010.4
	A0017006	399772.6
	A0017007	414667.8
	A0017008	348760.9
	A0017009	300973.8
	A0017010	428085.2
	A0017011	386329.9
	A0017012	546323.1
	A0017013	258154.9
	A0017014	308890.9
	A0017015	274399.8
	A0017016	224081.1
B 县 2017 年度第一批中心村电网改造升级工程	B0017001	300417.3
	B0017002	213839
	B0017003	75452.14
C 区 2017 年度美丽乡村和贫困村电网改造升级工程预安排	C0017001	476603.6
C 区 2017 年度第一批中心村电网改造升级工程	C0017001	567561.6
	C0017002	558374.9
	C0017003	292405

（2）机井通电工程。为提高农民收入，解决农田灌溉用电需求，A 市、C 区分别进行了 A 市第三批机井通电工程与 C 区 2017 年第三批机井通电工程等机井通电工程，给

农民带来了便利。

1）受益农田亩数。A 市第三批机井通电工程顺利完成后，受益机井数 1750 口，受益农田 11000 亩。C 区 2017 年第三批机井通电工程顺利完成后，受益机井数 377 眼，受益良田数 17000 亩，给农民带来了极大的便利，提高了生产效率。

2）降低农田灌溉支出。机井通电工程不仅能够帮助实现粮食增收，还可节约农民灌溉成本，社会效益显著。在 A 市第三批机井通电工程中，其涉及农田 11000 亩，使用机井灌溉比非灌溉农田每年增收约 2200t 粮食，且能够节省农户灌溉成本 61.6 万元。在 C 区 2017 年第三批机井通电工程中，涉及农田 17000 亩，使用机井灌溉比非灌溉农田每年增收约 3400t 粮食，且能够节省农户灌溉成本 95.2 万元。各项典型工程的顺利完成极大地节约了农田生产的成本，提高了农民的满意度，推动了社会协调发展。

（3）重过载与故障治理工程以及灾后重建工程。随着用电人数的激增，用电量的增大，线路负荷增加，线路出现故障的可能性越来越大。A 市、B 县、C 区都进行了较多的改造新增工程。有效地提高了供电质量，提高了供电可靠性。

选取 A 市典型重过载治理和灾后重建工程共 4 项，B 县典型重过载治理工程共 2 项，C 区典型重过载治理和故障治理工程共 4 项，三县典型工程供电可靠率见表 5-52。

表 5-52　　　　　　　　　　三县典型工程供电可靠率表　　　　　　　　（单位：%）

项目名称	投产时间	2019	2020	2021	2022
A 市××庄 531 线等改造工程	2018/10/19	99.89	99.80	99.94	99.92
A 市××庄 513 线等改造工程	2018/6/29	99.70	99.97	99.95	99.92
A 市××庄庄 539 线路改造工程	2019/6/29	99.83	99.77	99.94	100
A 市××村 572 线等洪涝灾害恢复重建工程	2018/5/18	99.83	99.95	100	100
B 县××站 540 线路改造工程	2018/11/21	99.96	99.97	99.97	100
B 县××站 512 线路等改造工程	2018/11/21	100	99.84	100	99.99
C 区××村 531 线路改造工程	2019/6/29	99.97	100	100	100
C 区××村 531 线路等新建工程	2019/6/29	99.97	100	100	100
C 区××村 538 线路双回改造工程	2019/6/29	99.95	99.94	100	100
C 区××村 510 等线路改造工程	2019/6/22	99.91	99.88	99.93	99.99

通过对三县众多重过载工程供电可靠率的分析得出，各工程各年的供电可靠率均在 99% 以上，供电环境稳定。

2. 社会效益评价结论

本节对三县配网典型工程社会效益进行分析，得出结论如下。

（1）通过对 A 市、B 县与 C 区典型农网升级改造工程的分析，各县典型工程增供电量水平较高，各村的供电量稳定上升，有效地提高了供电质量，提高了供电可靠性，给农村居民带来了便利，提高了用户满意度，产生了较高的社会效益。

（2）在 A 市第三批机井通电工程中，受益机井数 1750 口，一年节省农户灌溉成本 61.6 万元，有效地降低了能源消耗，提高了能源利用率，改善了农民的生活环境，降低了生产成本。

（3）通过对三县典型重过载工程供电可靠率的分析得出，各工程各年的供电可靠率均在 99％以上，出故障的次数很少，有很稳定的供电环境，提高了居民满意度，给居民创造了较好的用电环境。

四、配网典型工程环境效益对比分析

1. 环境效益指标测算

以光伏接入工程为例分析配网建设环境效益。根据收资数据，筛选出光伏接入工程中数据较为齐全的典型工程作为分析样本，计算典型配网工程后评价环境效益指标单位投资年度碳减排量的具体取值，根据分析结果，给出差异化评判标准。

通过对数据的计算整理，××市 A 市、B 县、C 区三县典型配网样本工程中包括 A 市光伏接入工程 60 项，包含 177 个台区；B 县光伏接入工程 12 项，包含 112 个台区；C 区配网工程 14 项，包含 99 个台区。不同县域光伏接入工程样本项目数量统计表见表 5-53。

表 5-53 　　　　　　　不同县域光伏接入工程样本项目数量统计表　　　　　（单位：项）

工程类型	县域	项目数量	台区数量
光伏接入工程	A 市	60	177
	B 县	12	112
	C 区	14	99

选取单位投资年度碳减排量作为典型项目环境效益指标对各县域光伏并网接入工程进行分析评价，通过计算，梳理得到不同县域光伏并网接入工程单位投资年度碳减排量测算结果，见表 5-54。

表 5-54 　　　　　　不同县域光伏并网接入工程单位投资年度碳减排量测算结果

工程类型	环境效益指标	A 市	B 县	C 区
光伏并网接入工程	单位投资年度碳减排量（tCO_2/万元）	9.69~50.29	21.07~42.05	14.16~47.57
	期望值（tCO_2/万元）	24.65	33.65	32.28
	标准差	9.47	7.29	9.67

由不同县域光伏并网接入工程单位投资碳减排量指标期望值测算结果来看，B 县域光伏并网接入工程的整体环境效益情况最好，略优于 C 区，明显优于 A 市。从不同县域光伏接入工程环境效益指标取值范围和标准差测算结果来看，A 市和 C 区的光伏并网接入工程的环境效益标准差大于 B 县，表明 A 市和 C 区各个光伏并网接入工程的环境效益

表现差异较大。

将各光伏并网接入工程的环境效益指标单位投资年度碳减排量的计算结果从大到小进行排序，并计算期望（E）和标准差（σ）。单位投资年度碳减排量大于等于$E+\sigma$，则评价结果为优；单位投资年度碳减排量大于E小于等于$E+\sigma$，则评价结果为良；单位投资年度碳减排量大于$E-\sigma$小于E，则评价结果为中；单位投资年度碳减排量小于$E-\sigma$，则评价结果为差。依据此判据，给出光伏并网接入工程单位投资年度碳减排量指标差异化判据，见表5-55。

表 5-55 光伏并网接入工程单位投资年度碳减排量指标差异化判据

环境效益指标	优	良	中	差	期望
单位投资年度碳减排量（tCO_2/万元）	≥37.14	27.15～37.14	17.17～27.15	≤17.17	27.15

结合光伏并网接入工程的差异化评判标准，根据收资情况，共统计A市光伏接入工程60项，通过对A市各项光伏接入工程单位投资年度碳减排量指标的测算，有5项光伏接入工程环境效益评价等级为良，约占8%，有20项光伏接入工程环境效益评价等级为良，约占33%，有19项光伏接入工程环境效益评价等级为中，约占32%，有16项光伏接入工程环境效益评价等级为差，约占27%。共统计B县域光伏接入工程12项，通过对B县域各项光伏接入工程单位投资年度碳减排量指标的测算，有7项光伏接入工程环境效益评价等级为优，约占59%，有1项光伏接入工程环境效益评价等级为中，约占8%，有4项光伏接入工程环境效益评价等级为差，约占33%。共统计C区光伏接入工程14项，通过对C区各项光伏接入工程单位投资年度碳减排量指标的测算，有4项光伏接入工程环境效益评价等级为中，约占29%，有6项光伏接入工程环境效益评价等级为良，约占43%，有2项光伏接入工程环境效益评价等级为中，约占14%，有2项光伏接入工程环境效益评价等级为差，约占14%。

2. 环境效益评价结论

本节对三县配网典型工程环境效益进行分析，得出结论如下。

在选取的A市光伏接入典型工程中，约有72%的光伏接入工程单位投资碳减排量指标的评价结果达到了良和中，另有28%的光伏接入工程单位投资碳减排量指标的评价结果为中和差。B县域光伏并网接入工程整体环境效益优良。有59%的典型光伏接入工程的单位投资碳减排量评价结果为优，超过参与评价工程的一半，有8%的典型光伏接入工程评价结果为良，剩下典型光伏接入工程的评价结果为中，B县域无单位投资碳减排量评价结果为差的光伏接入工程。在选取的C区配网典型光伏并网接入工程中，约有72%的光伏接入工程单位投资碳减排量指标的评价结果达到了良和中，另有28%的光伏接入工程单位投资碳减排量指标的评价结果为中和差。

五、配网典型工程后评价小结

典型工程项目经济效益水平方面，投资方向和投资类别不同，配网项目的经济性存在较大差异，政策引导性项目的效益更多体现在保证供电等社会效益方面，而盈利能力较差，例如农网升级改造、机井通电、煤改电线路以及新能源接入等类型项目；对于需满足负荷增供需求或提升整体供电水平的配网建设项目，其经济效果表现良好，例如重过载治理和故障治理等类型项目。机井通电工程与农网升级改造项目投产后负荷率与增供电量较低，项目投资经济效益较差，以 A 市样本工程为例，机井通电工程受季节性用电影响，单位电网投资年增供电量为 2.31kWh/元，农网升级改造项目单位电网投资年增供电量为 4.34kWh/元，后评价数据显示，两类项目的净现值基本为负值，盈利能力较差，而重过载治理项目和故障治理项目的同类指标分别是 28.604kWh/元和 14.31kWh/元，有较好的投资回报。农网升级改造工程和机井通电工程尽管投资效益较差，但属于利民利农项目，均有较高的社会效益，在今后的配网建设投资中，应协调好社会效益与经济效益，对于政策指导性投资类型的项目，应积极与地方政府协商，争取财政支持，降低配网投资损失，提升电网企业持续盈利能力，为国民经济发展奠定坚实的基础。

第四节　配网投资专题后评价实务

一、县域配网共性问题

1. 配网 10kV 线路拉手问题

（1）10kV 线路拉手率总体情况。目前，在 A 市内已实现 29 条线路拉手，B 县实现 17 条线路拉手，C 区实现 43 条线路拉手。拉手的线路中，当某条线路出现问题时，可由其他线路进行转供，提高供电可靠性。

三家县域供电公司拉手线路大多属于高空敷设，损耗率较大，维修成本居高不下；同时，部分线路通过刀闸实现拉手，且线路最大负载率超过 50%，一旦当前运行线路出现故障，会导致故障停电，无法由其他线路转供，居民用电得不到保证存在可靠性风险。

（2）存在的问题。在三县 10kV 线路拉手线路中，三县线路负载率与线路数情况见表 5-56。

表 5-56　　　　　　　　　　三县线路负载率与线路数情况

县域	线路负载率（%）	<40	40~60	60~90	>90
A 市	线路数（条）	8	7	12	2
	占总线路比值（%）	27.6	24.1	41.4	6.9

续表

县域	线路负载率（%）	<40	40~60	60~90	>90
B县	线路数（条）	7	7	3	0
	占总线路比值（%）	41.2	41.2	17.6	0
C区	线路数（条）	8	9	19	7
	占总线路比值（%）	18.60	20.93	44.19	16.28

三县供电公司的拉手线路中，线路最大负载率处于40%以下的占比在18%~42%之间，最大负载率超过90%的线路占比在17%以下，大多数线路最大负载率维持在40%~90%之间，线路负载率高易造成线路老化，会导致整体电压不稳，而且线路之间是使用刀闸联络，一旦发生停电等突发情况，刀闸因为不能带负荷拉合的特性，进行线路转供时，操作复杂，安全隐患大。

（3）解决思路。一方面，负荷较大线路应对刀闸联络进行改造，将刀闸开关换成断路器，在发生故障停电时，线路转供电不会发生安全隐患。另一方面，通过增设线路分段断路器，以加强10kV配电线路的供电可靠性及减少线路维护人员的工作量，从而来提高公司的经济效益。

2. 配网0.4kV供电线路低电压问题

（1）0.4kV供电线路低电压问题总体情况。A市0.4kV低压问题线路共30条，所有线路供电区位均为农村，线路长度共计74.78km。近年来由于农村用电负荷增加，末端低电压户数呈上升趋势。造成末端用户低电压主要由三种情况造成，其中11条0.4kV线路主要由于村内原有道路狭小，不具备新增补点，原有变压器布局不合理造成供电半径长（普遍大于500m）；9条0.4kV线路主要由于末端用户分支为二线，造成局部三相不平衡引发末端低电压；10条0.4kV由于线路自2000年左右网改后未再进行改造，造成线路存在线径较细，引发末端低电压。现存低电压问题形势严峻，急需进行低压村级电网改造提升，以满足用户生活和生产用电需求。A市2018~2022年末端低电压户数见表5-57。

表5-57　　　　　　　　　　A市2018~2022年末端低电压户数

序号	年份	末端低电压户数（户）
1	2018	101
2	2019	89
3	2020	111
4	2021	134
5	2022	158

B县0.4kV低压问题线路共39条，所有线路供电区位均为山区，线路长度共计

74.78km。其中，××沟 1 号线路导线敷设方式为地埋，××河 11 号线路导线敷设方式为架空、地埋，××区 8 号线路导线敷设方式为地埋，其余 36 条线路导线敷设方式均为架空。××湖 2 号线路投用时间为 2015 年，××沟 1 号线路投用时间为 2014 年，××河 11 号线路投用时间为 2010 年，××区 8 号线路投用时间为 2004 年，其余 35 条线路均在 2002 年投运，2022 年 B 县存在 29 台变压器台区供电半径超过 500m。

C 区 0.4kV 低压问题线路共 72 条，其中 4 条线路供电区为城区，5 条线路供电区为农村，13 条线路供电区为山区，其余 49 条线路供电区位均为村镇，线路长度共计 74.78km。所有线路近五年低电压频次共 729 次。11 条线路近 5 年存在被投诉的情况，投诉次数共 19 次。其中 15 条线路发生在迎峰度夏、度冬时期，11 条线路发生在夏季、冬季用电负荷突增时，其余 46 条线路发生在夏季 7、8 月份。低电压造成电器无法正常运行、用户投诉、线损高的风险，急需进行低压村级电网改造提升，以满足用户生活和生产用电需求。

（2）存在的问题。根据三县 0.4kV 供电线路低电压现状分析，导致其低电压问题原因为线路长度较长，造成压降较大，电能损耗较多，易出现低电压情况；变压器容量小，低压导线线径小，导线线径越小，导线电压降低更为明显，造成客户供电质量异常；低电压频次较高，使得供电可靠率较低，会降低用户满意度。

因用户用电负荷增加，现运行的线路及设备在技术要求上不能满足现在农村的用电需求，亟须进行规划建设与改造。

（3）解决措施。

1）增加变压器布点，降低供电半径。对预计重过载的配电变压器，按以下优先次序选择改造方案：低压切改调整台区供电范围、新增布点、配变增容。增加配变点，有效缩小供电半径，避免迂回供电，既减少损耗，也提高电压。确保改造后的供电线路半径度在合理范围以内，重点改造导线截面小的低压线路，将导线截面适当加大，并结合负荷情况进行适当调整，达到合理供电的效果，提升电网供电的可靠性。

2）改造部分负载率较高线路。新增或增容配电变压器，应同步改造低压线路，220/380V 线路截面应按远期规划一次选定。针对部分负载率较高的线路进行改造，对负载较大的线路综合考虑进行负载率平衡优化，通过一定的负荷平衡提高线路利用率，降低过载风险；对于无法通过现有线路进行负荷转换的线路时，应新建线路，缓解供电压力，使供电质量和供电可靠率得到提高。

3. 高耗损配变专项整治需求（B 县、C 区）

（1）高耗损配变情况。

B 县高耗损变压器有 S7（13 台）和 S8（2 台）型变压器，在 15 台高耗损变压器中，100kV 以下变压器的数量较多。从平均负载率和最大负载率情况来看，平均负载率大部分居于 50% 以下，而最大负载率高于 50% 有 12 台。由于配变老旧原因存在一定烧毁风险，且负荷区域均在山区，检修维护难度较大。

C 区共有高损耗变压器 679 台，S7 型变压器 15 台，S8 型变压器 1 台，S9 型变压器 663 台，最大负载率超过 80％的 135 台，最大负载率超过 100％的 515 台。其中 100kV 与 200kV 的变压器比例较大，城区高损耗变压器最大负载率普遍较高，村镇高损耗变压器最大负载率相对较低。

（2）解决措施。应有计划地对高损耗变压器进行改造，可以优先选择过载和重载严重的变压器开始改造，逐步改造为 S11 型以上的节能配变，提高节能变压器的比例。

4. 山区老旧线路治理需求（B 县、C 区）

（1）山区老旧线路基本情况。

B 县山区老旧线路总长度为 221.84km，其中，最长线路达 39.30km，为××线路，且有三条线路建设用于 90 年代，配电线路运行时间长，至今运行时间在 20 年以上。B 县配网山区老旧线路共 18 条，其中有 11 条线路的最大负载率在 0％～50％之间，7 条线路的最大负载率在 50％以上。老旧线路最大负荷集中在 5000kW 以下的有 12 条线路，在 5000kW 以上的有 6 条线路。

C 区山区老旧线路 8 条，其中 4 条线路全长在 20km 以上，占比 50％；6 条线路山区部分占比超过 80％，其中 5 条山区部分占比超过 95％；绝大部分线路投运时间为 90 年代及以前，至今超过 20 年。

（2）存在的问题。

受地形地势限制，山区架空线路难以等间距架设，同时受恶劣天气的影响，容易造成线路绝缘击穿、相间短路等故障。配网山区老旧线路运行时间较长，防雷设备老旧，对配电线路的安全稳定运行产生影响。多条线路因雷击跳闸较为频繁，以及由于设备故障导致多次停电，给所在居民的正常用电生产生活带来了隐患。并且配网山区老旧线路穿越林区，在雷电、大风等恶劣的天气情况下极易引发山火，存在较大安全隐患。

（3）解决措施。

1）线路改造提升措施。山区多条 10kV 配电线路运行时间超过 20 年，大多数线路未改造，存在故障风险。为有效提升供电可靠性，减少经济损失，需要进行线路改造，增加投资，重新规划架设线路，根据不同线路实际情况，具备条件线路的路径尽量避开林区，因地制宜改为绝缘线路，降低维护成本和雷击火灾风险；可通过加装可视化装备，检查维护防雷接地设备，加装带接地跳闸功能的一二次融合开关，提高线路防雷击能力。

2）管理提升措施。管理人员适时开展监察性巡视，利用无人机，从地面到空中开展精细化巡视查找线路缺陷及隐患，确保线路巡视效果。及时发现缺陷、隐患，按照一条缺陷一个对策的原则，逐条分析，制定差异化应对措施，按照"边排查、边治理"原则整改治理，压降故障。实时督导供电所缺陷、隐患治理情况，积极帮助供电所协调解决问题隐患整改治理的难点。

5. 光伏发电接入问题（B县、C区）

（1）光伏发电接入基本情况。

截至2022年底，B县供电公司共安装分布式光伏2933户，总容量约为105589kW，平均月发电量约为2408.96万kWh。非居民（工商业等）分布式光伏装机容量约为93283kW，涉及1772户，居民分布式光伏装机容量约为12306kW，涉及1061户，整体来看，非居民分布式光伏的装机容量与居民分布式光伏的装机容量基本持平。

B县共有供电所6个，运行公变1900台，低压用户约15.15万，其中，台区内已经安装光伏的有716台。

截至2022年底，C区供电公司共安装分布式光伏6864户，总容量约为144752.65kW，月发电量约为1700万kWh。工商业分布式光伏装机容量约为10331.14kW，涉及207户，居民分布式光伏装机容量约为134421.52kW，整体来看，居民分布式光伏的装机容量要大于工商业分布式光伏的装机容量。

C区共有供电所10个，运行公变2478台，低压用户约18.60万，其中，台区内已经安装光伏的有1086台，每月光伏发电量合计为1800万kWh，涉及光伏款项800万元。C区供电公司光伏装机占比位居××市各县第二名。

（2）存在的问题。现阶段台区内安装光伏不是按照台区实际用电负荷容量接入的，由于大多数台区的系统发电远远大于实际负荷，导致台区内光伏发电量不能在本台区内实现就地消纳，多余的发电量通过变压器反送到10kV输电线路上，又因为有个别10kV线路内光伏电量较多，又被反送至变电站内，造成光伏发电电量传输损失较大，这不仅增加了低压台区及10kV线路的线损，还造成了清洁能源电量的浪费。

有部分低压用户发生电压越限，用户电压越限的原因一方面是由于光伏厂家或者业主私自将并网逆变器的过电压阈值设置为265V（超出电压正常运行范围），导致光伏并网点过电压运行不能主动脱网，加剧了电压越限和设备反向过载现象发生。另一方面，光伏发电出力往往是随机的，当光照较强或负荷容量较低时，就有可能导致并网点以及周围节点的电压越限，线路电压越限影响负荷的供电质量，同时会引起变压器和线路等设备的损耗增加，而且可能会导致光伏发电系统保护装置将其从电网切出，限制了其并网能力。

（3）解决措施。

1）光伏上网应做好规划和布局。通过"网上电网"等数字化建设平台，对B县域辖区内源网荷相关信息进行重点摸排，明确区域电源、电网设备情况和台区内源荷时空分布特性，合理分析测算分布式光伏发展规模、接入位置、接入容量、消纳能力等基础信息，保障光伏在规范有序基础上的可持续发展。

2）加强配套网架建设。B县作为分布式光伏开发示范县，在进行配电网规划和建设时，要充分考虑当地分布式光伏发电的发展潜力、规划和建设情况，采用相应的智能电网技术、配置相应的安全保护和运行调节设施，加强配套电网技术和管理体系建设，打造双向互动、控制灵活、安全可靠的配电网系统。

3）利用光伏逆变器的无功控制。通过光伏逆变器的无功控制能够有效防止光伏并网点的电压产生越限，并能改善配电网的电压分布状态。在分布式光伏接入配电网时，应加强对于光伏逆变器过电压阈值的监管和控制，保障配电网系统的安全经济运行。

二、县域配网个性问题

1. A市农溉线路问题

（1）农溉线路问题总体情况。A市由于整体用电负荷集中在灌溉时段，线路投资经济效益较差。部分已收编原有村产线路运行时间较长，故障频发，还存在线路埋深不足与高损耗变压器台数较多等问题，近年来A市农溉机井线路报修数量与维修成本不断增长。原有村产部分收编线路运行问题较大，亟须投资改造，需要与当地政府协商收编事宜。

（2）存在的问题。

1）部分农溉线路埋深不足，漏电严重，线损较高。已经收编的农溉线路大多数埋地深度不足0.7m，随着近年来耕地机械化程度提升，机械深耕严重影响机井台区线损及供电可靠性，且多数线路线径小于25mm^2，不能够更换大型排灌设备。

2）线路保修数量与维修成本较高，高损变压器台数较多。A市农溉机井维修数量与维修成本呈逐年增长态势，2018年当年保修数量为73个，截至2022年当年机井维修数量已经达到211个，2016年当年维修成本费用仅为13.5万元，2020～2022年每年维修成本费用均超过50万元。A市农溉机井台区高损耗台数近年来虽有所下降，但现存数量仍然较多。

3）A市前期原有未改造及村级机井移交线路存在的埋深度不足、线路接头较多、老化严重等情况，对于大多收编线路需要重新埋设电缆。A市50%以上农灌供电资产未移交电力公司，其中有部分资产村委会有移交意愿，但目前没有相关接收政策，不能予以接收。

（3）解决措施。农溉机井建设有助于改善农民作业条件，解放给更多劳动力，A市农溉线路有较高的技改与投资需求，建议充分利用现有条件，通过自主实施降低维修成本，同时对于确需技改的线路进行新一轮投资，加大电缆埋地深度，解决农耕用水问题。

对未移交的农溉供电资产制定合理的接收政策，争取获得当地政府财政支持，力争实现"先改造、再移交"，有序对村产线路进行回收，在保证农业灌溉的同时，降低农排配网供电的经济损失。

2. C区重过载整治需求

（1）基本情况。C区严格遵循省公司的要求，为预防出现线路负荷过大，线路出现故障的情况，近几年一直在进行重过载治理，大大提高了C区的供电可靠性，给居民提供了较好的用电环境，带来了很大的便利，产生了较高的社会效益。

但随着C区不断建设和发展，用电负荷增长迅速，现有供电设施仍存在供电线路线径细、配变容量小、严重超负荷等现象，已不能满足用电需求。C区190个台区中累计有76个发生了重过载情况。尽管近两年发生重过载情况的台区数量和发生重过载次数相较之前有所减少，但重过载情况依然存在且仍有5%以上的台区具有重过载整治的需求。

（2）存在的问题。

1）部分主干线路负载率较高，现有联络线转供负荷能力较低，网络整体结构薄弱，使得10kV线路不满足"N-1"的比例较高，影响供电可靠性。

2）城区内10kV线路由于负荷增长较快，部分配电线路已严重超负荷，出现供电瓶颈问题，对供电可靠率和电压质量造成了较大影响。

3）部分配变地处主干要道商业用户较多，配变容量小，夏季空调负荷高，冬季大部分为用电取暖；或地处工业园区范围，配变处于满负荷运行，所带低压户数较多，且不具备与其他配变切改条件。在迎峰度夏（冬）进入高峰大负荷期时，这些配变负荷还会增大，容易造成重过载。

（3）解决措施。为解决部分配变负荷高峰期长时间过负荷、满负荷运行，电网局部重载、过载的情况，夏季冬季变压器过载等问题、满足新增符合供电要求，进一步提高电网的供电能力和供电可靠性，提出如下整治措施建议。

1）改造现有配变，新增配变布点。对于运行年限长、状态评价结果差的现有配电设备，或者属于高耗能设备、安全可靠性低的小容量配变，应考虑通过增容改造进行解决，并视具体情况考虑改造的同时通过新增配变和改变现有配变位置对供电区域进行重新划分，科学合理安排供电方式。对于现有配变容量小、户均容量低且现有配变运行状况良好的供电区域，应优先考虑新增配变布点，通过合理分配负荷达到降低配变负载率的目的。新建配变，应按照"小容量、密布点、短半径"的原则，尽量靠近负荷中心。

2）加强需求侧管理，降低峰谷差。分析供电区域负荷特性，挖掘负荷调控潜力，通过需求响应电价机制，鼓励用户侧柔性负荷参加调峰辅助服务，降低用电成本，减少峰谷差，降低尖峰负荷。对于冬季电采暖用户，尽量配置储热设备，通过负荷平移实现夜间用电；大型冷库和商用空调，也应考虑加装储能装置，减少负荷尖峰时段用电量；电动汽车充电负荷根据各地情况，通过峰谷电价调整其响应强度，减少日间尤其是高峰时段充电比例，有条件区域可以建设充换电站，进一步提升需求侧响应潜力。

第五节　后评价结论与建议

一、后评价结论

（1）优化配电网投资决策体系，提升投资经济效益势在必行。从××市各县域2018～2022年配电网经济效益数据来看，部分县公司分摊后的实际经济效益较差，个别年度出现亏损。出现亏损的主要原因是负荷率偏低，资本成本和运维成本居高不下。需要进一步分析企业运营与投资建设两类成本，建立精益化的资产与运营管理体系，降低企业工资性成本比例，从提高工作效率的角度降低电网企业运营成本；同时要求电网企业严格控制投资结构、投资方向和投资规模，确保投资的有效性，提高电网建设的经济性。

（2）提升投资效率，加强配网资产有效管控水平十分必要。从评价县域整体数据来看，配网工程2021—2022年投资较前三年的投资有所放缓，加之配网工程"点多、面广、管理难"，基建财务管理面临的新形势、新挑战对工程全过程管理提出了更高要求。而且与主网工程相比，配网工程无论在工程设计、物资管理还是过程管控上，标准化程度、管理规范程度都存在一定的不足，从而影响了配网资产转资效率与准确性，同时也使得对电网企业配网资产的运营与分析存在一定困难。因此，为进一步提升投资效益与效率，势必会对电网公司的资产管理能力提出更高的要求。

（3）夯实设备基础，加大老旧设备改造力度仍需持续进行。三县配网在电网运行效率方面与可靠性方面均有较好表现，但在资产装备水平方面存在部分问题。C区老旧设备占比较高，逾龄资产比例达到20.32%，老旧设备的状态优劣直接影响整个电网的运行水平，在用电高峰期或极端天气下会发生频繁跳闸现象。同时，B县部分线路供电半径过长，山区老旧线路防雷设备受损，供电可靠性存在较大隐患，亟须改造。应当因地制宜规划架设设备，根据不同设备实际情况进行改造，提升供电能力和安全运行水平，减少经济损失。

（4）降低重过载发生次数，同步整治高损耗配变尚需完善。从配网运行效率方面来看，三县域配变过载比例和线路过载比例总体均保持较低水平。但随着负荷增长，以及迎峰度夏等高峰大负荷时期，部分配电线路严重超负荷运行，易造成重过载，出现供电瓶颈问题，对供电可靠性和电压质量造成了较大影响。为预防负荷过大、配变容量过小，导致配电线路出现重过载情况，需考虑新增配变布点，减少故障发生次数。同时，应有计划地对高损耗变压器进行改造，充分利用现有条件，优先选择重过载严重的配变开始改造，提高节能变压器占比。

（5）强化电网运维管理，降低重复故障设备比例十分重要。从单位资产运维费比较来看，C区资产利用效率较高，但同时故障发生次数较多，加大了资产运维管理成本，单位资产运维费达到 3.76%。在保证供电安全可靠性同时，需进行成本精细控制，找寻电网安全效率与经济效益最佳平衡点，兼顾目标导向与问题导向，多措并举提升配电网单位资产利用效率，严格控制运维成本指标，降低资产设备故障发生次数，提高利润空间。

（6）兼顾企业社会责任，需统筹推进经济效益协同发展。本次参加评审的三县 5 年来配网运营数据显示，三县配网整体供电能力和运行可靠性保持较高水平，三县配网的社会责任履行情况良好，投诉次数近年来极少发生，光伏建设成效显著。但经济效益方面，C 区经济效益较好，B 县配网总体经济效益不乐观，三县年售电量总体保持增长态势，但增长态势逐年减缓。另一方面，通过对配网典型工程跟踪性评价，统计不同工程类型的项目经济效益也存在较大差异。总体来讲，配网建设在重视社会责任、保障供电的同时，在项目规划和建设等环节，需统筹推进经济效益协同发展，提高电网企业的抗风险能力。

（7）配电网不同类别投资项目效益存在的问题。

1）农网改造工程和机井通电工程。农网改造升级项目能够有效保障农村农业经济的发展，提高电网的安全运行水平。机井通电工程作为我国新一轮农网改造升级计划重要组成部分，更是惠及民生的重要工程，是电网企业社会责任担当的重要体现。然而从三县的经济效益指标来看，农网升级改造工程和机井通电工程的单位投资增供电量和净现值率在所有类型工程中都处于较低水平。经过数据分析，造成经济效益不佳的原因包括这两类工程平均负载率普遍较低，且年用电小时数较少，尤其是机井通电工程用电多为专用线路，其实施的主要意义是为农村机井通电，实现农业排灌电气化，配电网利用效率较低。

××市应积极建构完整有效的农网升级改造工程与机井通电工程建设管理机制，通过调查农村机井通电工程项目实际投用情况，可以通过一定电费激励的形式引导农民在合理时间安排灌溉工作。另外，也可以通过提高两类工程馈电回路的联络率，直接或间接提高负载水平，提升农网升级改造项目的盈利能力。

2）重过载工程与迎峰度夏、度冬工程。迎峰度夏、度冬工程是为了解决进入冬季或夏季后电力负荷激增问题而对配电网进行一定加强或改造的工程，其建造的本质原因与重过载工程类似，都是由于线路负荷比例过大而可能对电网安全运行产生严重影响，这两类工程的经济效益情况也较为类似。但某些台区的重过载次数较多而重过载天数较少，这些台区内用户的用电行为在某些时段用电量会发生激增，而在其他时段内台区负荷率较低，使得重过载工程的实际增供电量达不到工程建设的预期水平。

项目建设前应加强对变压器的容量、变压器的户均容量分析，从变压器的投运营年限、变压器的类型、客户用电行为等多维度地调查，整理数据分析台区配电网出现重过载情况的具体原因，对于用户行为的原因，加强科学用电的宣传，或通过一定激励规范用户用电行为，降低一部分重过载时段的用电负荷；对于配网本身设备或变压器容量的确达不到台区强度的，应通过经济技术的比较，合理选择投资规模，在保障供电能力、供电质量的同时，做到降本增效，切实改善用电环境，提高配电网工程整体经济效益。

（8）配电建设数字化应用水平有待提高。从配网典型工程净现值率、单位投资增供电量等指标的计算结果来看，异常数据多，指标计算结果离散程度大，主要原因是在平台上导出的配网运行数据存在不能够与计算参数良好对应的现象，资产与项目的贯通效果还存在一定的问题，配网运营数据数字化水平也有待加强，总体来讲，数字化建设的同时，应重视数字化平台的应用，进一步提升配网管理的数字化、信息化。

（9）配网建设项目缺乏系统的工程总结。本次后评价收集到有关配网项目建设运营总结的相关资料较少，在典型项目经济效益、安全运行、环境效益的前后对比、社会效益的有无对比等分析工作中造成了一定的困难，导致建设过程后评价结果并不理想。配网项目建设运营情况的系统总结能够支撑配网后评价工作顺利开展，提高项目后评价结果的准确度和全面性，提高建设管理水平和投资水平。建议××市供电公司相关单位要及时总结，并做好人员培训，提升精益化管理水平。

二、后评价建议

基于以上配网投资成效后评价工作发现的问题，将从以下方面提出策略建议，为配电网工程建设及项目管理工作提供参考依据和经验借鉴。

（1）合理安排配网投资，提高配网资产装备水平与利用效率。优化配电网投资结构，做到资金的合理分配，改善电网的整体运行水平，为配电网投资决策提供科学依据是电网建设需要考虑的重点问题之一。评价县域中，A市配变与线路设备较新，C区设备老化问题严重，逾龄资产比例较高，应当因地制宜规划投资，架设设备，根据不同设备实际情况进行改造，提升配网资产装备水平。做好配电网发展建设规划，在增加电网安全裕度、保证用电最大负荷期间电网安全运行的同时，进行成本的精细控制，找寻电网安全可靠性与经济性的最佳平衡点，提升配电网单位资产的利用效率。

（2）改善农村配电网网架结构，进一步提升供电能力和供电水平。三县的配网在供电能力和可靠性上均有较好的表现，但在高耗损变压器更换、农溉线路、低压供电线路改造、新能源接入能力等方面还存在一定的问题，网架结构部分环节表现薄弱。在网架结构上有些问题亟待解决，例如部分线路供电半径过长，远大于相关标准规定的经济供电半径，需要新增电源点，解决用户端电压偏低问题，B县部分山区线路多数为老旧线路导线架空路，林区防雷通道狭窄，防山火压力较大，亟须改造。从B县和C区光伏发电上网比例极大，从电网光伏接入能力来看，光伏建设增长速度已经超过配电网的接纳能力，也需要优化电网结构。针对三县的共性问题和个性问题，分析各县电网薄弱环节，根据项目问题和风险程度，制定相应的投资修改计划，改善配网结构，提升供电能力和供电水平，为新型电网建设奠定坚实的基础。

（3）优化配网投资决策体系，促进经济效益与社会效益协同发展。本次参加评价的三县五年来配网运营数据显示，三县配网整体供电能力和安全运行水平保持较高水平，三县配网的社会责任履行情况良好，但经济效益方面部分年度并不乐观。因此需平衡投资需求与投资能力的关系，合理安排投资规模，同时加强运营成本管理，调整盈利模式，建立起规划项目与投资成效的联动关系，以经济效益指标与社会效益指标的双重提升为规划投资的导向，兼顾好经济效益与社会责任的实现。总体来讲，配网建设在重视社会责任，保障供电的同时，在项目规划和建设等环节，应同时考虑其经济效益，提高电网企业的抗风险能力。

（4）严格控制运维成本指标，挖掘降本潜力，提高生产效率。根据实际情况，区别不同县域资产与负荷水平，通过行业对标、省公司内部对标等考核方式，进一步降低单位资产运维成本、单位电量运维成本、人工成本比例等指标，提升利润空间。进一步提升劳动效率，改革运维管理机制，在业务外包和自主完成方面，应保障供电优先的前提下，考虑成本最低，开源节流，深挖降本潜力，进一步提高劳动效率，提升经济效益。

（5）完善工程投资偏差调节机制，切实提升资产管理有效性。配网工程作为形成有效资产重要组成部分的前端，其资产价值的确认和管理是电网企业运营的核心内容，对有效资产的确认和计量是支撑电网企业可持续发展的关键。县域供电公司应及时查明影响配网工程投资差异的敏感因素，建立可研、初设与决算的纠偏调节机制和管控、考评机制，提升电力工程造价数据的精细化与信息化水平，从而提升投资和资产的有效性，保障工程全寿命周期效益。

（6）扎实推进光伏并网接入工程建设，为光伏上网保驾护航。B县与C区新能源接入建设成效显著，当地利用得天独厚的光照与地理优势，光伏发电事业蓬勃发展。××市应当畅通光伏发电接网工程绿色通道，为光伏电站运维提供技术支撑，加强新型电力系统配电网建设，着眼解决新能源高速发展带来的系列问题和挑战，积极探索新能源管理模式，不断提升新能源消纳水平。同时与政府相关部门做好对接，切实考虑配电网接入能力，做好光伏发电统筹规划，做好新能源接入配套建设工作，避免发生上网困难与弃光现象。

（7）提升数字化建设与应用。数字化是新型电力系统建设的重要内容，配网数字化建设主要包括决策数据化、设备资产数据化和业务数据化。决策数据化是精准投资的基础，基于数字孪生的建设过程数字化有助于资产全生命周期管理，可以通过设备状态动态在线大大提升检修效率和设备运行水平。从三县后评价实务工作过程来看，配网侧数字化平台建设和应用水平还存在较大提升空间，一方面应提升建管平台的智能决策水平，做到有平台可用，包括项目的经济效益在线测算、社会效益在线预测与评价、项目环境效益测算，包括基建项目、技改项目各个环节碳减排量计算；另一方面应提升平台软件的应用水平，通过培训考核等方式，提升配电侧一线人员的平台使用能力，做到用好平台。

附　　录

附录 A　县域配电网建设成效后评价参考指标集

一级维度	二级维度	序号	评价指标	评价内容	计算方法
经济效益指标	电力电量指标	1	年售电量	反映电力企业售给用户的电量以及供给本企业非电力生产、基本建设、大修和非生产部门等所使用的电量	直接提报
	配网资产结构指标	2	年度固定资产总值	反映配网资产结构水平	年度固定资产总值＝年度固定资产原值－累计折旧
		3	配网设备与线路资产		配网设备与线路资产＝配网设备资产＋线路资产
	资产运维成本指标	4	单位资产运维费率	反映县公司年运维费占年度固定资产总值的比率	单位资产运维费率＝年运维费/年度固定资产总值
	资产盈利能力指标	5	年度投资利润	反映县域配网盈利能力	年度投资利润＝售电收益－运营成本
		6	总资产收益率	反映县域电网公司盈利的稳定性和持久性及综合经营管理水平的高低	总资产收益率＝年度投资利润/年度固定资产总值
	资产供电能力指标	7	单位资产年供电量	反映资产的供电量效果	单位资产年供电量＝年度供电量/年度固定资产总值
		8	单位资产年售电量	反映资产的售电量效果	单位资产年售电量＝年度售电量/年度固定资产总值
运行水平指标	供电能力指标	9	户均配变容量	反映某一区域电网配变容量对于负荷的供电能力	户均配变容量＝配变总容量/用户数
		10	配变容量备用率	反映可用容量与最大负荷的差值占最大负荷的百分比	配变容量备用率＝(可用容量－最大负荷)/最大负荷×100%
	供电经济性指标	11	综合线损率	反映了技术线损和管理线损总体情况	综合线损率＝(总供电量－总售电量)/总供电量×100%
	资产装备水平指标	12	逾龄资产比例	反映逾龄资产占固定资产比例情况	逾龄资产比例＝逾龄资产/固定资产×100%
		13	线路运行年限	反映电网的主要线路资产年限	线路运行年限＝统计时间－线路投运时间
		14	配变运行年限	反映电网的主要配变资产年限	配变运行年限＝统计时间－配变投运时间

一级维度	二级维度	序号	评价指标	评价内容	计算方法
运行水平指标	资产装备水平指标	15	智能电表覆盖率	反映该地区智能电表覆盖情况	智能电表覆盖率＝(智能电表数/总电表数)×100%
		16	配电自动化覆盖率	反映地区公用电网中实现配电自动化区域10kV线路的比例	配电自动化覆盖率＝实现配电自动化区域10kV线路/总线路条数×100%
		17	10kV线路电缆化率	反映地区10kV电缆长度占线路总长度的比例	10kV线路电缆化率＝电缆长度/线路总长度
		18	10kV架空线路绝缘化率	反映地区10kV架空绝缘线路长度占10kV架空线路总长度的比例	10kV架空线路绝缘化率＝架空绝缘线路长度/架空线路总长度×100%
		19	老旧配变占比	反映老旧10kV配电变压器台数占全部10kV配电变压器台数的比例	老旧配变占比＝老旧配电变压器台数/总配电变压器台数×100%
		20	老旧线路占比	反映老旧10kV线路条数占全部10kV线路条数的比例	老旧配变占比＝老旧配电变压器台数/总配电变压器台数×100%
	电网效率指标	21	平均负荷(增长率)	反映区域电力需求的重要指标	平均负荷增长率＝[(下一年平均负荷/上一年平均负荷)−1]×100%
		22	全域配变平均负载率	反映县域公司年平均负荷与配变额定总容量的比值,评价资产利用效率	全域配变平均负载率＝年平均负荷/(配变额定总容量×功率因数)×100%
		23	全域线路平均负载率	反映县域公司线路平均负荷占线路经济输送容量的百分比	全域线路平均负载率＝年平均负荷/线路经济输送总容量×100%
		24	最大负荷(增长率)	反映区域电力需求的重要指标	最大负荷增长率＝[(年度最大负荷/上一年最大负荷)−1]×100%
		25	全域配变最大负载率	反映县域年最高负荷与辖区配变额定总容量的比值	全域配变最高负载率＝统计区域年最高负荷/(额定总容量×功率因数)×100%
		26	全域线路最大负载率	反映县域公司线路最大负荷占线路经济输送容量的百分比	全域线路最大负载率＝年最大负荷/线路经济输送总容量×100%
		27	配变利用小时数	反映地区配电变压器年用电量与该地区当年发生的最大负荷之比	配变利用小时数＝配变年用电量/年最大负荷
		28	线路利用小时数	反映地区电网线路年用电量与该地区当年发生的最大负荷之比	线路利用小时数＝线路年用电量/年最大负荷

一级维度	二级维度	序号	评价指标	评价内容	计算方法
运行水平指标	电网效率指标	29	配变空载（轻载、重载、过载）比例	反映变压器的利用效率情况	配变空载（轻载、重载、过载）比例＝空载（轻载、重载、过载）配变台数/配变总台数×100%
		30	线路空载（轻载、重载、过载）比例	反映线路的利用效率情况	线路空（轻重过）载比例＝空载线路条数/总线路条数×100%，反映线路的利用效率情况
		31	线路达产率	反映达产线路条数占全部线路条数的百分比	线路达产率＝达产线路条数/全部线路条数×100%
		32	配变达产率	达产配变台数占配变总台数的百分比	配变达产率＝达产配变台数/全部配变台数×100%
	网架结构指标	33	线路联络率	反映配电网网架结构水平	线路联络率＝有联络开关的线路总长度/区域内线路总长度×100%
		34	线路可转供电率		线路可转供电率＝可转供线路总条数/线路总条数×100%
	供电可靠性指标	35	供电可靠率（ASAI-1、ASAI-2、ASAI-3）	反映供电系统对用户持续供电能力	ASAI-1＝（1−用户平均停电时间/统计期间时间）×100%
					ASAI-2＝[1−（用户平均停电时间−用户平均受外部影响停电时间）/统计期间时间]×100%
					ASAI-3＝[1−（用户平均停电时间−用户平均限电停电时间）/统计期间时间]×100%
		36	配变运行率		配变运行率（10kV）＝配变累计正常工作小时数/配变累计可用小时数
		37	线路百千米故障停运率		线路故障停运率＝线路年故障停运次数/（线路千米数×100）
		38	重复故障线路占比		重复故障线路占比＝重复故障线路数/线路总数×100%
		39	线路加装分段断路器比例		线路加装分段断路器比例＝加装分段断路器线路条数/线路总条数×100%

一级维度	二级维度	序号	评价指标	评价内容	计算方法
建设管理指标	进度控制指标	40	进度计划完成率	反映全过程进度控制情况	进度计划完成率＝按进度计划完工的批次数/总批次数×100%
	投资控制指标	41	设计偏差率	反映初步设计质量及对投资的控制力度	施工设计偏差率＝(施工结算金额－施工中标金额)/施工中标金额×100% 物资设计偏差率＝(物资结算金额－物资中标金额)/物资中标金额×100%
		42	投资结余率		投资结余率＝(批复概算金额－竣工决算金额)/批复概算金额×100%
社会效益指标	电力与经济发展指标	43	用电覆盖率	反映某区域电力供应的覆盖情况	用电覆盖率＝(某地区用电用户的数量/地区总人数)×100%
		44	电力增长 GDP	反映电量增长对 GDP 的贡献	单位电量 GDP＝GDP/全社会用电量。 电量增长 GDP＝社会电量增加额×单位电量 GDP
	电量使用指标	45	年用电量	反映区域电力供应水平、经济发展水平和人民生活水平	
		46	人均用电量		人均用电量＝地区年总用电量/地区人数
	供电质量指标	47	投诉次数	反映区域供电质量水平	
		48	综合电压合格率		综合电压合格率（%）＝0.5VA＋0.5×（VB＋VC＋VD)/3
		49	低电压用户占比降低率		低电压用户占比降低率＝(下一年低电压用户占比－上年低电压用户占比)/上年低电压用户占比
环境效益指标	清洁能源消纳指标	50	光伏上网电量	反映区域对清洁能源消纳做出的贡献	直接提报
	电能替代电量	51	煤改电替代电量	反映终端用能清洁化、低碳化水平	直接提报
		52	燃油替代电量		直接提报
	节能减排指标	53	减少标准煤消耗	反映区域对节能减排做出的贡献	减少标准煤消耗＝项目投产后清洁能源上网电量×火电单位电量消耗标准煤
		54	二氧化碳减排量		二氧化碳减排量＝新能源发电量或电能替代工程增供电量×燃煤电厂平均二氧化碳排放水平

附录 B　配网工程项目后评价参考指标集

一级维度	二级维度	序号	评价指标	评价内容	计算方法
建设管理指标	进度控制指标	1	进度计划完成偏差	反映全过程进度控制情况	进度计划完成偏差＝实际完工时间－计划完工时间
	投资控制指标	2	设计偏差率	反映初步设计质量及对投资的控制力度	施工设计偏差率＝(施工结算金额－施工中标金额)/施工中标金额×100% 物资设计偏差率＝(物资结算金额－物资中标金额)/物资中标金额×100%
		3	投资结余率		投资结余率＝(批复概算金额－竣工决算金额)/批复概算金额×100%
经济效益指标	盈利能力指标	4	年度投资利润	反映项目投运期间盈利能力	年度投资利润＝售电收益－运营成本
		5	财务内部收益率		$$\sum_{t=1}^{n}(CI-CO)_t(1+FIRR)-t=0$$ 其中，$FIRR$ 为项目内部收益率；CI 为项目各年现金流入量；CO 为项目各年现金流出量；n 为项目计算期
		6	财务净现值		$$FNPV=\sum_{t=1}^{n}CF_t(1+i)-t$$ $FNPV$ 为项目净现值；CF_t 为各期的净现金流量；n 为项目计算期；i 为项目的基准收益率
		7	净现值率		$$FNPVr=\frac{FNPV}{SI}$$ 其中，$FNPVr$ 为项目净现值率；$FNPV$ 为项目净现值；SI 为项目静态投资
		8	投资回收期		$$\sum_{t=1}^{P_t}(CI-CO)_t=0$$ 其中，CI 为项目各年现金流入量；CO 为项目各年现金流出量
		9	总投资收益率		$$ROI=\frac{EBIT}{TI}\times100\%$$ 其中，ROI 为总投资收益率；$EBIT$ 为运营期内平均息税前利润；TI 为项目总投资，是动态投资和生产流动资金之和
		10	单位投资增供电量		单位投资增供电量＝年度新增电量/年度新增投资总额
	偿债能力指标	11	利息备付率	反映项目投运期间偿债能力	$$ICR=\frac{EBIT}{PI}$$ 其中，ICR 为利息备付率；$EBIT$ 为息税前利润；PI 为计入总成本费用的当期应付利息

一级维度	二级维度	序号	评价指标	评价内容	计算方法
经济效益指标	偿债能力指标	12	偿债备付率	反映项目投运期间偿债能力	$DSCR = \dfrac{(EBITAD - TAX)}{PD}$ 其中，$DSCR$ 为偿债备付率；$EBITAD$ 为息税前利润加折旧和摊销；TAX 为企业所得税；PD 为应还本付息金额
	造价指标	13	单位容量造价	反映配电网项目造价执行情况	单位容量造价＝工程竣工决算投资额/工程总容量
		14	单位容量长度造价		单位容量长度造价＝工程竣工决算投资额/（工程经济输送容量×线路总长度）
运行水平指标	运行指标	15	平均负荷（增长率）	反映配电网项目资产利用效率	平均负荷增长率＝[（下一年平均负荷/上一年平均负荷）－1]×100％
		16	配变平均负载率		配变平均负载率＝平均负荷/（配变额定容量×功率因数）
		17	配变最大负载率		配变最大负载率＝最大负荷/（配变额定容量×功率因数）
	故障指标	18	重过载天数	反映配网项目运行风险大小	直接提报
		19	重过载次数		
		20	故障次数	反映配网项目运行水平	
		21	投诉次数	对配网工程项目运行质量和效率	
社会效益指标	机井通电工程	22	机井通电率	反映机井通电工程取得的社会效益	机井通电率＝通电机井数/灌溉机井总数
		23	工程惠及农田亩数		直接提报
		24	降低农田灌溉支出		降低农田灌溉支出＝机井通电前农田灌溉成本－机井通电后农田灌溉成本
		25	解放劳动力		解放劳动力＝机井通电前人力需求－机井通电后人力需求
	小城镇、中心村改造工程和农网升级改造工程	26	工程惠及人口	反映小城镇、中心村改造工程和农网升级改造工程取得的社会效益	直接提报
		27	促进家用电器消费		促进家用电器消费＝改造后家用电器消费支出－改造前家用电器消费支出

一级维度	二级维度	序号	评价指标	评价内容	计算方法
社会效益指标	小城镇、中心村改造工程和农网升级改造工程	28	人均用电量提升率	反映小城镇、中心村改造工程和农网升级改造工程取得的社会效益	人均用电量提升率＝(涉及城镇、中心村改造后居民用电量－涉及城镇、中心村改造前居民用电量)/涉及城镇、中心村改造前居民用电量
	迎峰度夏工程	29	客户投诉次数	反映迎峰度夏工程取得的社会效益	直接提报
	光伏扶贫电站接入工程	30	光伏电站扶贫增收	反映光伏扶贫电站接入工程取得的社会效益	光伏电站扶贫增收＝光伏电站结算电量×结算电价
	电动汽车充电桩接入工程	31	新增配变容量	反映电动汽车充电桩接入工程取得的社会效益	直接提报
		32	新增线路长度		
		33	新增电动汽车		
		34	降低交通成本		降低交通成本＝充电费用－燃油费用
	"煤改电"工程	35	降低用户用能成本	反映"煤改电"工程取得的社会效益	降低用户用能成本＝燃煤采暖费用－电采暖费用
		36	电能替代电量		直接提报
环境效益指标	绿电电量	37	光伏上网电量	反映配网工程项目取得的环境效益	直接提报
	节约标煤	38	减少标准煤消耗		减少标准煤消耗＝项目投产后清洁能源上网电量×火电单位电量消耗标准煤
	减少排放	39	降低污染物排放		降低污染物排放＝项目投产后输送清洁能源电量×单位清洁电量污染物排放

参 考 文 献

［1］中电联电力发展研究院. 配电网工程后评价 ［M］. 北京：中国电力出版社，2017.

［2］胡亚山. 110kV 及以下电网投资项目后评价体系研究 ［M］. 北京：中国电力出版社，2022.